ふたりが見つけた、
いつもの「普通服」

日常的衣服

（日）林行雄　林多佳子 著　王歆慧 译

北京时代华文书局

日常的衣服，让每一天都过得平常、轻松、舒适

序 言

我们夫妇，从年轻时开始就热衷于购买自己喜欢的衣服，几乎每天都会一同去一些中意的服装店，反复对比各类服装的外观设计和性价比，选出最满意的衣服。

无论是现在看来与我们的身份完全不相称的一流品牌，还是下了血本购买的高级昂贵的衣服，抑或是滞销商品、限定商品，甚至是古着……在寻觅到它们并买下来的那一刻，我们都会有如获至宝的满足感。

虽然我们在挑选购买衣服方面的经验非常丰富，但其实，我们失败的次数也多不胜数。当时的我们对"风格"和"时尚"的理解少之又少，不知道自己适合什么样的衣服，所以常常因为买了不合适的衣服而后悔不迭。那些不合适的衣服的最终结局，也都是被我们遗忘在了衣柜深处。

我想，在寻觅适合自己的衣服的道路上，我们会走很多弯路，究其根本，还是我们混淆了"时尚"和"流行"的概念。年轻时我们以为，只要紧跟流行的趋势，就走在了时尚的最前端，成为最新潮的那批人，就如同现在的大多数年轻人的想法一样。后来，随着时间推移、年岁增长，我们在服装上的经验越来越多，思考也越来越多。同时，我们也没有了年轻时的那股冲动,而是变得更加成熟和理性。在深入了解了时尚和自身以及外界事物之间的关系之后,我们才明白,时尚和流行真的不是一回事。时尚的本质是风格,是通过服装找到最舒服的那个自己。这和是否流行,是否昂贵,是否名牌,都没有关系。在弄清楚这一点之后,我们将目光锁定在了"日常的衣服"和"基本款"上面。在尽情追逐过时尚、疯狂购买过形形色色的衣服之后,我们回到了"朴实"的"日常衣服",这颇有点"返璞归真"的意味。

著名时装设计师乔治·阿玛尼说:时尚风潮总是循环往复的。它从创造力的本源出发,其间不管被想象力带到何方,最终都会回归到最初的纯粹。

事实上,只要你认真地想一想,你就会发现,日常的衣服确实才是最不动声色却经久不衰的时尚赢家。

一方面,虽然大家都在追逐流行与个性,但我们所构想的"日常的衣服"和"基本款"也的确拥有许多受众。依我拙见,时尚其实就是从我们的日常生活与日常的衣服之中发源的。基本款是每个人都必备的主要款式,它们几乎可以和任何别的衣服、饰品搭配,永远不会过时,而且每次重新搭配,都能十分得体。它们就像一块空白的画布,你可以在上面随意作画。听上去很有趣吧,就好像时尚是由自己一手掌控的,事实上也确实如此。除此之外,基本款还有很多为大众所熟知的优点,轻便、舒适、随性、简洁、干净,并且不受年龄和款式限制,从垂髫小孩到银发老人都可以从日常基本款中找到适合自己的穿搭、适合自己的风格，从而找到最舒适的自己。我一直相信，能把基本款穿出让人过目不忘的风格和时尚感的人，都是真正懂得时尚、有个性且知性的人。

拥有好身材、好品位、走在潮流最前端的时尚人士实在是凤毛麟角，而包括你我在内的大部分人都是"普通人"。因此，发现并理解"日常的衣服"和"基本款"中的时尚元素，带着一点玩心，带着一点随性，来找到适合自己的"舒适"服装，我认为是十分必要的。丢掉张扬，选择沉稳；舍弃特立独行，回归朴实简单，这也是一种时尚啊，而且是一种成长了、成熟了的时尚。

我们夫妇之所以创立自己的服装店，打造基本款服饰，正是因为我们坚信日常基本款服饰才是时尚的根源，穿着基本款服饰会使我们的日常生活过得更加舒适。这也是我们一直在秉承的理念。从我们的第一个店"662"到"Itional"再到"Permanent Age"，我们在创立自己的基本款服装品牌的过程中走过不少弯路，也遇到过很多瓶颈和困难，好在我们一直保有对日常衣服的钟爱、信心和激情，还有一直愿意帮助我们、和我们一起奋斗的朋友，才让我们心中的构想一步一步成为现实。如果大家能穿着我们做的衣服而感到生活更加美好了，那么我们的心愿就算达成了。

人生旅途行至此，也算经历了一些事情，积累了些许经验，也不断有新的发现。所谓"经一事长一智"。这么说未免有些狂妄，但我们也终于能用自身经验（譬如，从对一件事的看法、对一个问题的思维方式等方面）来给予他人或多或少的建议和指导。正逢我们的理念进入成熟期，PHP研究所的木村三和子女士找到我们，希望我们将自己这么多年的经验以及对日常衣服的时尚看法写成书。我们认为这是一个很好的契机。一年有三百六十五天，重大日子和场合实在很少，绝大部分时候我们都生活在"平日"当中，那么日常的衣服其实是打造你自己的时尚风格的最佳选择。

因此，我们将积累了许多年的经验全部归纳到了这本书中。这不仅仅是一本教你日常的衣服怎么穿搭的书，也是我们夫妇二人多年为之努力奋斗的事业的缩影，更是帮助你找到属于自己最舒适的时尚风格的一个小小的工具。

希望无论是在选择适合自己的衣服、找到自己的独特风格，还是在决定自己的人生目标时，每个人都能从日常的生活中发现自己最舒适的那一面，让生活更加美好。

林行雄　林多佳子

CONTENTS
目 录

CHAPTER 1 / 日常的衣服

日常的衣服充满乐趣 —— 2

选择合身的衣服 —— 8

如何搭配协调 —— 12

追求"品位" —— 17

着装舒适等同于轻便 —— 23

服装是我们的朋友 —— 27

我们的回忆　31

CHAPTER 2 / 日常的衣服及穿着得体的方法

基本款商品 —— 36

白色的作用 —— 44

如何选择合身的裤子 —— 49

成年人的牛仔装 —— 52

对襟毛衣有多少件都不嫌多 —— 55

我钟爱的藏青色夹克衫 —— 59

具有正装风格的轻便夹克衫 —— 62

具有品位的外套 —— 65

华丽的配饰 —— 68

穿衣搭配的好搭档——披肩 —— 72

帽子是打造时尚着装的好助手 —— 74

着装的关键在于鞋子 —— 77

轻便而时尚的包包 —— 80

时而温柔,时而严厉……还有从未改变的"淘气"　82
（CHECK&STRIPE　在田佳代子）

CHAPTER 3 / 我们的事业的开端

我们相遇在小学校园 —— 88

个性张扬的时代 —— 92

向俱乐部老板学习 —— 97

我们的服装店"662"诞生啦 —— 101

拼命三郎 —— 106

创立"Itional"之后 —— 111

"Permanent Age"：用基本款服饰打造穿衣品位 —— 115

怀有坚定的信念所以不会动摇　117
（快晴堂　杉田直人）

CHAPTER 4 / Permanent Age　永恒不变的事物

品位需要时间的沉淀 —— 122

丢弃无用之物，找到你的风格 —— 126

自然美才是真的美 —— 131

让每个人舒适地享受生活 —— 136

杰奎琳·肯尼迪 —— 140

史蒂夫·麦奎因 —— 144

一个人的服装品位是从小建立的 —— 148

做自己喜欢的事情 —— 152

用认真的态度对待一切 —— 157

我的梦想是"成为创作者" —— 161

服装带给我的精彩人生 —— 165

不给自己设定时限，顺其自然 —— 169

希望"Permanent Age"成为永恒 —— 173

后　记　177

○ 重要的时刻我们的确需要盛装打扮，但是平日里我们不会选择那些太过隆重且昂贵的衣服。在一年三百六十五天之中，"平日"占绝大多数，日常的衣服才是陪伴我们时间最长的。所以，我认为使人能够愉快地度过每一天的日常的衣服才是丰富平淡生活的必备品。

○ 即便是一些他人认为无所谓的事情，我也会当作一种追求而认真地去做。一切都是因为这种"细节"而变得非常有趣。

○ 当你穿得很得体、漂亮的时候，你也能为生活及你周围的人带来更美好的享受。

日常的衣服

日常的衣服充满乐趣

人们日常所需的基本款服饰的设计虽然比较简洁，没有过多的图案和元素，只有大面积的留白，但也正因为如此，大家就可以随意进行各种各样的组合搭配，不同的搭配可能就会形成不同的风格，带来不同的感觉。当我发现基本款服饰的便利和趣味时，我突然察觉到了它的魅力。

我辞去上班族的工作之后，便开始在集装箱店铺制作服装。我非常喜欢那份工作，至今依然觉得它充满了新鲜的味道和无与伦比的乐趣。比如，制作针织品时，我先将原材料全部剪成一厘米的长度，然后编织成型；我还能将皮革编成绳子的形状。我想，我这辈子没有编织过的东西大概只剩下铁锁了吧（笑）。制作服装给我带来了很大的快乐和满足，也正是如此，我了解到自己与衣服有着天生的缘分，我是有天赋的。当你做一件事的时候即使废寝忘食也能感到无比快乐，那么这件事便可以成为你终生的事业。

当然，我在穿衣打扮上也曾有过几段让人啼笑皆非的故事。在我刚开始工作的时候，由于我太追逐时尚与个性，我曾特立独行地每天穿着非主流的服装去上班。我的第一家工作单位是一家知名纺织公司，我周围的前辈们都穿着一身正规的西服，系着一条漂亮的领带，看上去既板正又严肃。在这些人当中，我显得尤其格格不入。并且，在这些规规矩矩的人之中，只有我从进公司开始便一直留着长发。你知道，在纺织公司工作，留长发是十分危险的行为，万一头发不小心被卷入机器当中，那后果将会不堪设想。那时，我被实习单位的工厂厂长给予忠告："你干吗留那么长的头发？"即便如此，我依然坚持留着我的长发。所以，到了实习期结束需要调动到另一家工厂工作的时候，我再次被那位厂长唤去谈话，他惊讶地对我说："你还真是顽固啊！我看你根本没剪过头发吧！"当时的我真的是年少气盛，一心想要"固执"地坚持自己的"时尚风格"啊。后来，我到了一家贸易公司工作。有一次，因为我穿了一件半开领的衬衫而被部长教训了一顿："不要穿着内衣在公司闲晃！"（笑）或许是因为那件衣服特别贴身，所以看起来像是内衣吧。总之，在时尚方面我曾经有过"大放异彩"的经历。那些经历在现在看来或许显得有些幼稚，但是谁叫我那时候还年轻呢（笑）？人在年轻的时候，最敢于尝试，也最不害怕嘲笑和犯错，因此，才会"因祸得福"积累下各种各样的经验。

然而，一过三十五岁，我对于时尚的观点就发生了变化。因为，如果要追求时尚的款式，那么就必须走在流行的最前线。可是，这么做不仅需要花费大量金钱，还需要付出超常的时间和精力。然而我既没有大量的金钱，也没有超常的时间和精力。实际上，就算我都有，那么，众人所群起而追逐的时尚就真的是时尚吗？时尚就仅仅是我们能看到的那些各大橱窗里展示的流行又昂贵的当季物品吗？我认为并不是，时尚是一种选择，是风格的形成，是一个人带给他人的特有的感觉和氛围。当我明白了这一点，我终于领悟到一个真谛：与其和众人一同追逐变化万千的时尚，不如自己创造适合随时随地穿着，并且适合所有人的"时尚"。这个"时尚"就是"日常的衣服"。

具有视觉冲击力的东西的确新鲜有趣、夺人眼球，让人看一眼就有想要买回家的冲动。但它们总是昙花一现，很快就会被新的单品所代替、淘汰，也会很快被人遗忘。人们日常所需的基本款服饰的设计虽然比较简洁，没有过多的图案和元素，只有大面积的留白，但也正因为如此，大家可以随意进行各种各样的组合搭配，不同的搭配可能就会形成不同的风格，带来不同的感觉。当我发现基本款服饰的便利和趣味时，我突然察觉到了它的魅力。

在大部分人心中，所谓的"日常的衣服"是指不用在出门前替换，可以直接走出家门外出逛街、与他人见面的衣服。就像我们平日里常穿的 T 恤、裤子以及夹克衫之类的服装。日常的衣服是我们每个人衣柜里最多的衣服，也是穿着频率最高的衣服，甚至是和别人雷同率最高的衣服。就因为太过普通、常见，所以它们的时尚和舒适才会被一再忽略。但是，如我所说，它们真的是有魅力的。你不妨来试想一下，哪怕只是一件简单的 T 恤，是圆领、鸡心领还是 V 领，是亚麻质地还是纯棉质地，是纯白色还是奶白色，搭配的裤子是直筒裤、阔腿裤还是小脚裤，你的发型是长的、短的、直的还是卷的……一旦其中任何一个元素发生变化，可能都会产生不一样的风格，这就是我所说的"魅力"。

当然，我并不是借此否定个性鲜明的时尚风格，因为那种风格也可以打开一片新世界。只是，在时尚比拼的持久战中，日常的衣服一定是最终赢家。因为它永远不会过时，永远会被需要，能经得起时间的沉淀。并且，我认为日常的衣服才是真正能使普通人变得光鲜亮丽的最佳陪衬。

重要的时刻我们的确需要盛装打扮，但是平日里我们不会选择那些太过隆重且昂贵的衣服。在一年三百六十五天之中，"平日"占绝大多数，日常的衣服才是陪伴我们时间最长的。所以，我认为使人

日常的衣服

能够愉快地度过每一天的日常的衣服才是丰富平淡生活的必备品。当你不得不每天穿着日常基本款衣服,那么就想办法用它穿搭出自己的时尚吧!更何况,这些日常的衣服本身就是很时尚的!

伟大的设计不应该仅仅是不会过时,还应该普遍适用;它应该不仅吸引各个年龄段的人,还能吸引各个时代、各种风格的人。一件产品应该让各个时代的人都能用来打扮自己。这些是"经典"的标志。基本款便是经典,而经典永远不会过时。我想通过我们的努力,让每个穿我们的基本款服饰的人都能过上舒适的生活,体验到更加丰富多彩的人生。这就是我们夫妇致力于心爱的服装工作的最高理想。

选择合身的衣服

穿起来轻松而自然的,
能够舒适度过每一天的服装才是最好的。

常常会有一些爱美的姑娘为了穿上小码的裙子,费尽力气吸气也要拉上后背的拉链,结果是勒得自己连呼吸都不顺畅;也为了能使自己身材高挑、亭亭玉立,哪怕高跟鞋磨破脚趾也强忍着疼痛不愿意脱下……这不是某一个人的故事,而是绝大部分人想起来都会报以一笑的年少时的有趣经历。年轻的时候我们都爱做这些蠢事,我在贸易公司工作时,还因为穿的衬衫太紧身而被领导训斥像内衣呢,现在想起来只是觉得很有意思。但是那时候的我并不觉得这样穿有什么不对,就是觉得,宁愿穿上不合身的衣服忍受各种各样的折磨,也要让自己看上去美丽、时尚。

美丽、时尚必须建立在合身、舒适的基础上,否则便会本末倒置。然而年轻的时候,我们并不明白这个道理。

日常的衣服

"年轻时合身的衣服已经变得不合适了。"我常常听到这样的声音。我自己其实也有同感。我想说这是理所当然的。每个人的身材都会随着年龄的增长发生改变,并且每个人都会思考发生这种变化的原因。想当年,即便一件衣服不是特别合身(偏大或偏小),稍微动点儿脑筋我也能将它改造得合身,或者就直接忍受它的不合身,现在却发现它们都不适合自己了,而我也没有要再继续改造或忍受它们的打算。因为,我们为什么要选择不合适自己的衣服呢?明明有那么多合适且舒适的衣服可以挑选。穿衣服,合身是最重要的。年轻时候,在我们的意识里,漂亮、魅力、个性等因素,比合身重要得多;但当我们年龄增长,我们对时尚的品位也在日渐成熟,这个时候,合身这个因素,就会完完全全地占据上风,成为我们的首要之选了。

而身为一名从洋装入门、长期从事服装行业的还算比较专业的人士,如果有人问我:"如何挑选合身的衣服?"那么我会这样回答:"尺码合适,穿上身舒适且不肥大的就是合身的衣服。"

我认为,对于我们来说,"合身"就是指"与身体契合"的意思。人们为了打扮得时尚,多少需要一些忍耐。譬如,想要穿着突显身材的紧身的衣服,我们就必须忍耐不舒服的感觉,就连一举一动都

日常的衣服

要小心翼翼，这对于大家无疑是一种折磨；相反，若是一件衣服尺码过大，松松垮垮的感觉也会使人难受，并且会带给他人懒散、邋遢的感觉。因此，我认为穿起来轻松而自然的，能够舒适度过每一天的服装才是最好的。与其为了打扮而忍耐不适感，不如选择合身的衣服。

拥有一副好身材，打扮时尚而有品位的人，无论是行走在潮流最前端，还是反其道而行之，都是无比帅气的。但是这类人实在是凤毛麟角，包括我们夫妇在内的大部分人都属于"普通人"，我们接触最多、平常穿得最多的就是"日常的衣服"和"基本款"。正因如此，"日常的衣服"和"基本款"对于我们来说，才是最重要的"时尚服装"。我们一定要理解何为"日常的衣服"和"基本款"，带着少许玩心寻找适合自己的"舒适"服装。我认为这就是一种时尚，并且是"成熟的时尚"。

如何搭配协调

身体的缺点无法避免,但我们可以使用我们的聪明才智让衣服"听身体的话"。会穿衣服的人,都会扬长避短,懂得协调搭配。

洋装进入日本大约是一百年以前的事情。在此之前,大家都穿着和服。一到外国,我们就能看见街上的人们都打扮得非常时尚,事实也的确如此。欧美人与洋装一同书写的历史断然比我们要长得多,因此,他们自然非常擅长如何穿搭洋装。

那么,对于刚接触洋装的我们这两只"菜鸟"来说,应该如何穿好洋装呢?我认为首先要清楚地认识衣服包裹住自己身体的"分量"。

首先,把一个人从头到脚的分量的总数看作"十"。接下来,以十为基准值,研究如何在十的范围内协调地搭配衣物。在这里我想举个反例:有的人会因为腿短而希望通过穿高跟鞋或后空单鞋从视觉上来"拉长腿"对吧。但是,在我看来根本没有必要。因为,腿长七十厘米的人,无论怎样修饰,腿长也不会超过七十厘米。大家有没有过进入客厅脱掉鞋子之后而对自己的身高发出"怎么会这样"的惊叹的时候呢(笑)?

会有这样的反差,就是因为没有了解到自己身体的比例和分量,从而造成失衡。

那么,我们将包裹身体的衣服的分量也设定为不变量"十"吧。如果十有时变成十二,有时变成十五的话,便会失去平衡,使得搭配不协调。相反,只要通过衣服的轮廓和穿着方式将十平均分配好,就能穿着得体了。

如果给上衣设定数值为六的话,下装便是四;上装为四的话,下装便是六。要穿着协调,就必须像这样给每个部位设定好数值范围。在某些情况下,我们可以根据自己的体型对成衣稍做改造,但一件衣服若是有两处以上的地方需要修改,那么就说明它根本不适合我们的身材。

玛丽·匡特说,真正的时尚中人都是驾驭服饰的高手,他们永远不会让自己沦为服饰的奴仆。

日常的衣服

我的妻子便是一个正面例子。她身高一米五五，个子偏矮，臀部比较大，就算昧着良心我也没法称赞她的身材好。但是，她非常清楚如何掩饰自己的体型缺点。譬如，她非常中意一条裤子的颜色和造型，但是这条裤子是以比她高的人为基准制作的，所以即便腰围和臀围合适，裤腿的长度也超出了她能穿的范围。若是仅仅修改裤腿的长度，那么这条裤子的轮廓将会变得不协调。因此，她在裁剪裤腿长度的同时，也将下摆宽度裁短了一部分。如此一来，基本上就能复原原本的轮廓，表现出漂亮的线条。

我认为，要掌握好洋装的穿搭方式，重中之重就在于了解自己"身体的缺点"。只要了解了缺点，我们就会懂得如何补缺。身体的缺点无法避免，但我们可以使用我们的聪明才智让衣服"听身体的话"。会穿衣服的人，都会扬长避短，懂得协调搭配。我相信，如此反反复复，积累到一定程度，大家就会掌握穿着协调的方法了。

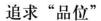 # 追求"品位"

> 我想听到别人评价我是一个"有品位的丑女",因为我逐渐感受到了这种女性身上的魅力,所以我觉得这是一句赞美人的话。

我想听到别人评价我是一个"有品位的丑女",因为我逐渐感受到了这种女性身上的魅力,所以我觉得这是一句赞美人的话。

不可思议的是,这个世上还真有明明拥有一张漂亮的脸蛋和无可挑剔的身材,却总让人感觉性格粗俗不讲礼貌的美女,但是同时也会有完全谈不上美女却能令人心跳加速、不觉称赞的时尚女性。当我思考这两类人有怎样的区别时,我发现其原因归根到底就是她们本人天生具有的品位有所不同。说到品位,大家或许会认为这是一种与生俱来的感性,但我认为感性是任何人都可以磨炼出来的。所谓的"感性",是指一个人至少拥有一种兴趣,并且只要遇到出色的人,便会思考对方身上具有哪些出色的东西的能力。

日常的衣服

简单来说，我们要走遍天下，结识形形色色的人，从他们身上吸收具有价值的东西。只要反复积累这笔亲手创造的财富，我们就一定能够培养良好的审美和品位。

如此一来，我们所要经历的每一天都会变成培养品位成长所需的肥料。我的时尚品位就是在一天天的"滋养"中成长并发生变化的。随着年岁的增长，经验的积累，我渐渐明白，唯有经得起时间沉淀的东西才是永恒的时尚。相比于那些注定昙花一现的当季流行时装，我更偏爱简单舒适的日常的衣服。请不要认为日常的衣服很死板，也没有充分的设计感，那是因为你还没有理解日常的衣服的时尚。真的搭配好的话，它也会十分出彩的。

干净整洁是时尚的一个永恒要素。你打扮得干净利落的时候，你就可以征服整个世界……哪怕你穿的只是一条旧牛仔裤和一件T恤衫。亚历山大·王也说过，每个人都能穿得光彩照人，但是令人最着迷的是人们的日常装扮。

我认为时尚是一个人与生俱来的天性，也是一个人至今为止的生活方式和个性，进而转化为一种独特的气质。一个人若是对事物保有兴趣和关心，并且能够健康而开朗地看待事物，那么这个人无论年

日常的衣服

纪多大，都是非常出色的。这类人拥有健康的生活节奏、独到的时尚见解和不俗的搭配眼光，他们能够有效地运用各种穿搭技巧，所以他们即使身着最基本款的衣服，也能让自己在人群中脱颖而出。

就我自己而言，现在也好过去也罢，都是属于保守派的。我喜欢并且基本上都穿基本款的衣服。那么，我要怎样打造我自己的时尚风格，突显我的时尚品位呢？我的办法就在于给日常的衣服"增加一点儿趣味"。譬如，对于领口大小不同的T恤衫，就要搭配不同尺寸的领带夹；高领通常要贴合脖子的尺寸；大衣的帽子不要太大，等等。即便是一些他人认为无所谓的事情，我也会当作一种追求而认真地去做。一切都是因为这种"细节"而变得非常有趣。有时候，风格的形成往往也就是一个配饰的距离而已。所以，我们要打扮得时尚，不一定非得尝试大胆的、流行的服装，还不如选择能够代表自己的品位的服装，用独具个性的配饰或其他物件来突显不落俗套的时尚风格。

当我穿着日常的衣服被别人夸奖"有品位""很时尚"的时候，我真的会由衷地感到欣慰。他一定也和我一样，是理解"日常的衣服"和"基本款"的时尚的人，是一个能欣赏到品位并且自身有品位的人。正是因为有这些和我一样的人，让我感到，日常衣服的时尚会被更多的人理解和看到，我们所倡导的成熟的时尚风格正在越来越多人的身上发生。

这真的是一件非常美好的事情。

# 着装舒适等同于轻便

即便一件衣服的材料多么亲肤,设计多么丰富多彩,同时也具备合身的尺寸和合适的颜色,若不具备特别轻便的特性,也不值得拥有。

我们年轻的时候,常常听到长辈说这样一句话:"我绝对不穿厚重的衣服!"

在我们刚开始制作原创商品的时候,我们听到不少顾客说相同的话。每次,我都会在心里暗暗想:"这似乎有点完美主义了吧?要想变得时尚,有时候就需要一定的忍耐呀。"说实话,当时的我根本不愿意倾听这些意见。然而,随着年岁渐增,我才发现自己偶尔也会发出这样的声音。我到现在才发现这是一个不会随着时间变化和世界变迁改变的真理,真是后知后觉啊。

即便一件衣服的材料多么亲肤,设计多么丰富多彩,同时也具备合

身的尺寸和合适的颜色，若不具备特别轻便的特性，也不值得拥有。

轻便的服装能使人身心放轻松，回归自然的状态。回想年轻的日子，只要一件衣服设计得精致而有特色，即便不太合身，甚至有些难穿，我也会买下来的。而到了今天，光是穿上沉重的衣服就令我感到非常费劲。

若是要反复挑剔着装的舒适度，那么首先就要追求轻便。首要条件自然是外观轻便，但是更重要的还是衣服本身的重量。若是从设计和形状着手，最终选择了一件沉重的衣服，那么必定会对你的身体造成负担。

我们不仅要在服装上面追求轻便，对于搭配的包包的选择也要秉持同样的原则。一个沉重的包包，无论是背或是手提，对于常常需要外出工作的人来说都是吃不消的。但是，若是随身携带着轻便的配饰，那么我们每天都会感觉心情舒畅。所以，在这里我要推荐的是由轻便的材料制成的商品。

若要将"酷炫即是一切"当作潮流的先锋，那么相反的，我们亲手创造的便是"每天都能穿的衣服"。当然了，偶尔也可以换上俏皮

的风格彰显个性。张弛有度，才能更好地享受生活。不过，在日常生活中，有许多时候我们只需要用味噌汤搭配白饭。所以说，只要偶尔在基本款之中加入些许俏皮的元素，就能起到合适的点缀作用。而俏皮的配饰稍微重一点也不要紧，只要穿戴起来还算舒适就好。但是，我建议大家一定要选择轻便舒适的基本款服饰，它一定会让你的生活变得更轻松。

服装是我们的朋友

我重新思考了服装对于我们有怎样的意义,然后,我得出了这样的结论:服装是我们的朋友。

我重新思考了服装对于我们有怎样的意义,然后,我得出了这样的结论:服装是我们的朋友。

我认为一个人只要活在世上,就必定要经历各种各样的场面。譬如,从事某种工作、外出游玩、回到家里休息。这一系列场面构成了我们的一天。那么,为了应对不同的场面,我们必然需要选择不同的装扮和着装方式。如此一来,我们便能够保持身体与心理的平衡。

我认为服装能够展现一个人的品位,同时也能够作为后盾支持着这个人。

譬如,心爱的夹克衫能缓解我的紧张感;亮色或是明亮花纹的衬衫

日常的衣服

会使我充满活力；随性更换饰物会令我光彩照人。这种感觉，正如一直陪伴在我们身边鼓励着我们的朋友，总是用温柔的笑容守护着我们的朋友……所以说，服装就是与我们意气相投的好朋友。

自从进入老年期，我便不再热衷于打扮，甚至发现自己变得黯淡无光……其实我真的很讨厌这种变化（笑）。不过，转念一想，我们虽然上了年纪，但是可以用有趣的着装方式减龄呀。与钟爱的服装一起愉快地变老，这是我和丈夫的共同的生活理念。因为，我们相信每天的衣着能够给生活增添一些变化，让我们变得更有活力。

当你穿得很得体、漂亮的时候，你也能为生活及你周围的人带来更美好的享受。

虽然我说了不少积极的言论，但偶尔也会觉得"说到底不过就是一件衣服罢了，除了穿在身上之外还能有什么作用呢？"虽然人靠衣装的确有道理，但是区区一件衣服真的有亲朋好友那么重要吗？是的，服装代表了我们的个性，同时也是能与我们愉快相处的伙伴……所以，服装对我们来说是不可或缺的存在。

我们的回忆

行雄

我大概是从初中的时候开始对服装产生兴趣的。当时,大家都身着同款立领校服,为了表现我的与众不同,我花了不少工夫改造裤子。譬如,为了让裤子向下垂直,我在裤腿下摆的夹层里缝了一块五日元的硬币;为了在上课期间保持裤子的褶皱,好几节课时间我都一直保持着往旁边伸直腿的姿势。我还记得每次在洗裤子的时候,妈妈都会训斥我:"干吗把钱缝在这种地方。快取出来!"(笑)

多佳子

这些事情到了今天都成了玩笑话呢。

行雄

说起来,有段时间我还留过嬉皮风格的发型呢(笑)。

多佳子

我们俩并肩走在街上,明眼人都能看得出来特别不般配。因为我是典型的神户孩子,全身上下的衣着都是标准的常春藤风格。

行雄

我们的相同点是从年轻的时候开始就喜欢服装和杂货。但是,性格又怎么样呢?

多佳子

我比较粗枝大叶,而行雄你则是一丝不苟。当我洗碗的时候,你一定会说:"你这是在洗碗还是摔碗呀?"不过,说到底还是因为我洗碗的时候总会发出咔嚓咔嚓的声音(笑)。

行雄

我们的性格完全相反啊。

多佳子

还有一点,或许是性别的差异吧。我一打开话匣子,行雄就总是提醒我"从结论开始说"。但是啊,我可是想要按照顺序和逻辑一步步说明的呀。

行雄

别的不说,我们两个人一路走来还真是不容易。结婚以后,我开始经营自己的服装店,让你也跟着受了不少累。到了五十岁,我抛弃了过去积累的一切,为了追求"日常的衣服"而创办了"Permanent

日常的衣服

Age"。迄今为止,我们携手共事了漫长的岁月。我还是在很久以前就提出了制作日常的衣服的构想吧。

多佳子

欸?抱歉,我走神了。

行雄

……

○ 一件衣服的时代感只有通过不起眼的细节才能呈现出来。

○ 在多种多样的颜色当中，我认为白色是必备色。

○ 伊夫·圣·洛朗说过："我真希望牛仔裤是我发明的，它最美观，最实用，最休闲，最旁若无人。它有表情，谦虚、性感、简洁——我希望我的衣服具备的一切要素，它都具备了。"

○ "鞋子成就一个人。"

CHAPTER 2

日常的衣服
及穿着得体的方法

基本款商品

一件衣服的时代感只有通过不起眼的细节才能呈现出来。让我们紧跟潮流的脚步,同时用基本款的风格坚守个性,用细节展现时尚吧。

将顾客的需求转化为实际的商品,我们就能看到不随时代变迁、始终为人们所需要的基本款商品。为了满足每一位顾客的需求,"Permanent Age"始终为大家供应不加任何修饰、原始款式的服装,譬如T恤、夹克衫这类每年都需要更新的"日常的衣服"。

无论是需要盛装打扮的日子还是日常生活,只要身边有基本款服饰,我便会感到安心。最朴素的往往是最华丽的,最简单的往往最时尚,素装淡抹常常胜过浓妆艳服。这就是所谓的"不变的价值",也是基本款服饰独有的价值。另一方面,基本款与潮流款的区别在于基本款设计相对简单朴素,所以我会对基本款服饰考究细节。譬如,对于T恤衫,我会分别按照领口的开口大小,衣袖的长短,同时还

包括半袖和长袖、五分袖和七分袖来给同一种服饰进行二次分类。只要将衣物依次有序摆放在衣柜里,随手便能搭配几套符合TPO(注:T指"time",时间;P指"place",场所;O指"occasion",场合。下同)标准的服装。以上就是我利用基本款商品玩转穿搭的秘诀。

一件衣服的时代感只有通过不起眼的细节才能呈现出来。让我们紧跟潮流的脚步,同时用基本款的风格坚守个性,用细节展现时尚吧。

T恤／这是我店出售的亲肤质感绝佳的一系列热销T恤。为了响应顾客的需求,我们制作了许多种款式,同一件服装具备不同的尺寸、不同造型的领口和不同的衣袖长度。

这是一款带内衬的巴尔玛肯外套/基本款式的热销巴尔玛肯外套。里面的内衬可以当作羽绒背心使用，具有一定的保暖效果。

荷叶裙/这条过膝长裙有着漂亮的荷叶边，适合各个年龄段的女性。长裙为松紧腰绳款式，可自由调节宽松度，方便穿脱。

日常的衣服

针织夹克衫 / 用针织的方法制成的经典款式的夹克衫,具有柔软的手感,既可当作休闲装也可当作正装。

长裤 / 这款由我们原创设计的长裤具有百搭的剪裁和丰富的尺寸,能够与各种款式的上衣完美搭配,因此经久不衰。

丝绵系列／这一系列丝绵T恤具有丰富的款式，所以我们可以根据季节变化用于内搭或者外穿。能够随心所欲地自由变换穿搭形式便是它的最大魅力。

日常的衣服

羊绒系列／舒适轻盈，手感柔软。采用精致的羊绒面料，使它在休闲装之中独显优雅。

针织毛衣／经典的圆领毛衣是传统的成人必备服装。这款毛衣共有白色、海军色和红色三种颜色。

白色的作用

白色是一种万能的颜色,只要增添一抹白色作为搭配,就能立刻发生化学反应,给普通的衣服披上亮眼的霓裳。

我认为衣服的颜色是决定全身装扮是否好看的关键因素。即便一件基本款衣服没有改变外形和款式设计,只要改变颜色,给人的感觉也会随之改变。更重要的是,衣服主人的心情也会发生天翻地覆的变化。

在多种多样的颜色当中,我认为白色是必备色。在这里需要说明的是,我所说的白色是指"纯白",而不是漂白的颜色或是奶油色。白色是一种非常巧妙的颜色,只要和其他颜色互相搭配,就能改变一套服饰的氛围。譬如,用色彩鲜艳、对比强烈的颜色与白色搭配,白色会变成配角,以便衬托其他颜色;而若是将白色与灰色之类的颜色搭配到一起,白色就会摇身一变成为主角,绽放光芒。白色是一种万能的颜色,只要增添一抹白色作为搭配,就能立刻发生化学

图右＞藏青色与白色，灰色与白色的对比组合构成了中立的搭配。这两套衣服均是以白色为基底的优质休闲风格搭配。

图左＜这件衣服的颜色和图案有些花哨，若是搭配不当，便会让整个人显得轻浮。不用担心，只要加上白色的衣物与之搭配，就能营造出整洁的氛围。此外，这款白色长裤不受季节影响，一年四季都可以穿。

日常的衣服

反应，给普通的衣服披上亮眼的霓裳。

众所周知，白色是最百搭的颜色，怎么搭配都不会出错。白色与黑色，形成反差，是最经典的搭配，不仅从来不会出错，还常常能搭出一种高级感；白色与红色，白色的纯净加上红色的艳丽，能够让人眼前一亮；白色与蓝色，清新文艺，适合一年四季的穿搭；哪怕全身上下都是白色，也能搭配得十分好看，不过这样搭配对穿这身衣服的人的身材、长相、品位和气质都有不低的要求。

因为白色易于搭配的特质，基本款中有很多衣服都是以白色为主。但是这并不影响基本款的搭配，相反，我们可以利用它百搭的特点来进行各种"创作"，搭配出不同的造型和风格。在这个追求个性的时代，这真是一件非常有趣而时尚的事情。

不过，我也要给喜欢白色的你们一些小小的建议。首先，白色很容易被弄脏，一旦弄脏，就一定要及时更换，否则会给人一种不修边幅的感觉，如此，时尚和风格也就无从谈起了；其次，建议经常给你衣柜里的白色衣服进行"换血"。白色衣物穿着时间一久便会发黄变色，给人邋遢、灰不溜秋的印象。所以呀，大家尽量每年都要买一些新的白色衣物来替换掉往年的衣服。为了保持光鲜亮丽的形象，愉快地度过每一天，我们希望大家一定要这么做。

如何选择合身的裤子

选择一条裤子的时候,我首先会确认腰部和臀部的尺寸是否与自己的体型合适。倘若腰围和臀围不合适,那么就算不上合身。此外,一条裤子是否合身的关键在于裤腿的设计。

我在前面说过,"合身"就是"与身体契合"的意思。其实从某种意义上来说,"合身"比好看更加重要。合身的衣服所营造出的是一种和谐感,这种和谐感是整体而非局部的。和谐是拥有好的穿衣风格的一个捷径,无论是欣赏画作还是风景,我们都喜欢和谐的、流畅的画面,这个道理放在服装的搭配上,也是一样的。如果你所穿的衣服不合身,那么你的衣服甚至你整个人的形象看起来就会不可避免地邋遢,好像这衣服根本就是别人的一样。更可怕的是,不合身的衣服带来的不适感每分钟都在折磨着你,让你感到很不舒服。

因为我们的腿在我们整体的身材上占据重要的比例,因此,选择合身的裤子,对于我们整体的搭配来说,就显得尤为重要。年轻的时候,我会自己动手改裤子，并且那时候还认为，把一条裤子从不合身穿到合身是一件十分帅气的事情。现在我不这么想了，如果一条裤子有超过两处的地方需要修改，那么证明它根本就不适合自己。

选择一条裤子的时候，我首先会确认腰部和臀部的尺寸是否与自己的体型合适。倘若腰围和臀围不合适，那么就算不上合身。

此外，一条裤子是否合身的关键在于裤腿的设计。譬如，一条裤子的裤脚不能太松也不能太紧，需要根据你的鞋子和裤子的轮廓调整裤脚的松紧度。就我来说，我平时喜欢穿平跟鞋搭配小脚裤，所以我选择的裤子的裤脚宽度较小，能使脚背完全露出来。那么，裤子长度不能大于我的腿长，以便露出脚踝。由于裤脚较小，所以卷起裤脚时会产生褶皱。请大家注意，这个问题是无法避免的，所以我们要尽量减少褶皱：布料较薄的裤子最多卷起三厘米半的长度，较厚的裤子则是最多卷起三厘米。倘若一条裤子的裤脚需要卷起三厘米半以上的长度，那么就不适合我们了。

穿上一条合身的裤子，搭配好一套衣服之后，不妨站在镜子前面从头到尾打量一遍。若是感觉比较协调，那么这一身搭配就算完美了。

日常的衣服

成年人的牛仔装

作为一名女性，我推荐女同胞们选择轻便柔软有弹性的牛仔裤，穿起来舒适并且方便活动。

牛仔裤曾经是工人的工装，到了今天，摇身一变成了不可或缺的休闲装。多年前，我特别喜欢对牛仔裤进行做旧加工，并且觉得将一条裤子从不太合身一直穿到合身为止是件帅气的事情。

伊夫·圣·洛朗说过："我真希望牛仔裤是我发明的：它最美观，最实用，最休闲，最旁若无人。它有表情、谦虚、性感、简洁——我希望我的衣服具备的一切要素，它都具备了。"

牛仔裤很特别，尽管现在的人们大多都穿着牛仔裤，款式和颜色也不见得有多么千变万化，但它能马上让一个女孩具有一种自成一格的气质。它既简洁又完美，既叛逆又优雅。它是用途最多、最完美的基本款服饰了。牛仔裤最奇妙的地方在于，它可以使任何衣服变

得平易近人，就连笔挺的、一本正经的正装，一跟牛仔裤搭配，立刻就显得轻松休闲了，同时也特别时尚。

但是，现在我很少再加工改造牛仔裤了。成年以后，我对牛仔裤的DIY仅限于普通水洗。因为我可以根据自己的喜好和搭配需要来挑选中意的牛仔裤，譬如，夏天可以穿轻薄的牛仔裤，冬天则穿加厚型的牛仔裤。总之一定要按照季节来挑选不同款式的牛仔裤。作为一名女性，我推荐女同胞们选择轻便柔软有弹性的牛仔裤，穿起来舒适并且方便活动。

日常的衣服

对襟毛衣有多少件都不嫌多

女士对襟毛衣和男士夹克衫一样方便穿搭，是我们日常生活的必备品。

对襟毛衣有多少件都不嫌多。我相信每个人的衣柜里都有不少于一件的对襟毛衣吧。在不冷不热的季节，用一件对襟毛衣搭配一件简单的T恤，既干净又清爽，既好看又舒适。如果我们给对襟毛衣加上一些点缀，譬如胸花、丝巾等，或者稍微卷起袖口，也都会有不错的效果。可以做外套，可以做内衬，又有很多种颜色可以挑选，对襟毛衣的优点真的是太多了。

对襟毛衣还有一个很出色的穿搭方法：搭配牛仔裤和连衣裙。很多时候，我们只需要披上一件颜色鲜艳的对襟毛衣，就能与内衬的衣服调和成舒服的颜色。对襟毛衣基本上以素色居多，但我更想推荐条纹款式。打开纽扣、系上纽扣，或者添加一些配饰，就能将原本的风格随意转换成其他风格，有的搭配很休闲，有的搭配也可以很优雅。

日常的衣服

选择对襟毛衣有一点需要特别注意：千万不要买材质差、会起球的对襟毛衣。无论一件对襟毛衣多么好看，多么适合你的身材，只要它会起球，都不值得拥有。想象一下你穿着到处都是毛线球的衣服示人时候的尴尬，你就会明白我所说的话了。干净整洁的形象不仅是对自己的尊重，也是对他人的尊重，这一点是非常重要的。

我钟爱的藏青色夹克衫

我收藏的藏青色夹克衫都属于基本款,但是原材料各有不同。光是藏青色款式的夹克衫我就拥有十件左右。

我特别钟爱藏青色夹克衫,我收藏的藏青色夹克衫都属于基本款,但是原材料各有不同。光是藏青色款式的夹克衫我就拥有十件左右。夹克衫拥有轻便、活泼、清爽、简洁、干净、富有朝气等特点,是每一位男士衣柜中的必备单品——毕竟它是如此百搭。一件藏青色夹克衫将是你最好的朋友,不管是工作还是放松,不管是白天还是夜晚,从正式场合到休闲聚会,几乎天天可以用到。藏青色我认为是非常好看又稳重的一种颜色,倒不是因为它比较适合我这个年纪,实际上藏青色适合各个年龄阶段。只要搭配得当,会显得很高级。

关于藏青色夹克衫,我还有一件有趣的事要跟大家分享。

作为一名服装专家,我做了一件本不应该做的事情。我想要将一件

日常的衣服

将近十年没穿过的藏青色羊毛夹克衫从华丽风格改成休闲风格,我知道可能会失败,于是做好了失败后扔掉的准备将它扔进了洗衣机。但我万万没想到,这件衣服一经机洗,质感就发生了极大改变,不但能继续穿着,并且产生了一种独特的纹理(如果一件衣服没有内衬,将会导致外部材料和内里的布料变形,所以绝对不能清洗。不过我本来就没有使用正确的方法清洗这件衣服……笑)。

具有正装风格的轻便夹克衫

推荐大家在非特别正式的场合选择这样的外套。

别被"正装风格"四个字误导而认为这种夹克衫只能在十分正式的场合才能穿。这类夹克衫保留了正统风格的细节,这些细节让衣服本身看起来具有时尚的气质和品位;同时采用柔软的材料,舒适,方便行动;另外,这类夹克衫可自由地搭配其他服饰,在很多场合都可以让你大放光彩。譬如,上班的女白领们用它搭配浅色衬衫和短裙,看上去就十分自信干练;日常搭配一些休闲装,在休闲的风格中加入一点点气质,整个人的气场也会不同;而且由于这种材料不容易起皱褶,非常适合旅行时穿着。

这类夹克衫的款式和剪裁能够给你带来意想不到的效果。还有什么衣服能够把周末休闲时穿的T恤衫立刻变成开会时也能穿的衣服呢?好的夹克衫能够塑造肩线(让你看起来更瘦、更有力)、显腰身、把目光吸引到脸部,吸引到你希望的地方,也能够让你在冰冷

的办公室和餐厅依旧暖和。至于颜色,可以根据自己的喜好来选择。黑色或深蓝色的款式看起来比较高档,不过你也可以多备几件颜色鲜艳的以丰富你的搭配。

所以你看,正装风格的轻便夹克衫是你打造属于自己时尚风格的必备之物。如果你有正装风格的轻便夹克衫,我建议你穿出来;如果你衣柜里还没有它,那赶紧去挑选几件设计独特、舒适、又适合你的吧。

具有品位的外套

巴尔玛肯外套和双排扣呢绒大衣等服饰，兼具休闲风格的同时突显潮流，实在是非常方便。

外套即是穿在最外面的那件衣服，它能带给他人最直观的第一印象。所以穿着什么样的外套，是需要慎重地选择的。它是什么颜色，什么质地，什么款式，什么长度，都能从某种意义上代表你这个人的一方面或者多个方面，这就是我认为的"衣如其人"。

对于外套来说，最重要的就是"品位"。你穿的外套有品位，说明你这个人一定也是有品位、有内涵的。当然，品位也是因人而异，所以还是要选择适合自己品位的外套，不然可能会带来相反的效果，贻笑大方。

在"品位"之下，外套的另一重要因素还是我们一直在强调的"合身"。虽然有的流行款式的外套很好看，但如果不够合身，偏大或是偏小，穿上身并不会显得好看。一般来说，外套的长度到达膝盖部位或是稍微盖过膝盖是最合身的。倘若一件衣服的设计天衣无缝，那么我们就需要着重考虑是否合身的问题。那么，合身的尺寸，即是取决于在夹克衫外面穿什么样的外套，在针织衫和T恤外面搭配怎样的外套，以及内搭怎样的服饰。因为外套是穿在外面的，所以它的合身还需要考虑到外套之下搭配的那些衣服，是否能和那些衣服"和谐共存"，营造一个完美的视觉画面，是考量外套是否合身的关键因素。在这里我想推荐巴尔玛肯外套和双排扣呢绒大衣等服饰。巴尔玛肯外套和双排扣呢绒大衣等服饰，兼具休闲风格的同时突显潮流，实在是非常方便。

华丽的配饰

使用饰品和眼镜就可以改变服装风格。

说到配饰,我们立马能想到的比较经典的像杰奎琳·肯尼迪的太阳镜,伊丽莎白·泰勒的钻石,奥黛丽·赫本别出心裁地系在脖子、帽子、头发和腰上的纱巾,等等。

为什么她们的配饰能成为每个关注时尚的人津津乐道的经典?因为她们利用配饰搭出了不可复制的时尚和风格。这种时尚不会随着时间的推移而褪色,直到今天,她们的搭配还是人们纷纷效仿的对象。所以说,经典的时尚就会成为永恒,禁得起时间的考验。

配饰就像服装一样,是我们的好朋友,它可以帮助我们向他人传达我们是一个什么样的人。搭配饰品的关键在于保持自己的个性,还要有品位。想让配饰突出你的个性的话,你可以选择佩戴一些对你来说有特殊意义的东西,比如,几十年前奶奶戴过的复古项链,一

块样式独特的手表。在追求配饰品位的同时,要记住,不一定要选择贵的、大的、闪亮的,别致、适合自己当天的着装风格即可;也千万不要太过,想象一下如果你同时佩戴一条大项链和一副大耳环,不仅多余不美观,你的时尚感也要打个大折扣。当然了,还会很重,一点都不舒适。

那么,说到这里,很多人会问,基本款怎么搭配饰品呢?我来说说我是怎么搭配的吧。其实很简单,使用饰品和眼镜就可以改变服装风格。

休闲装是我的最爱。别看休闲装朴素,没有特色,只要适当添加一些珍珠饰品,就能散发出优雅的女人味。说到珍珠,白色是主流颜色,但我最近爱上了黑珍珠,因为它散发着成熟的优雅味道。另外一种

不可或缺的饰品便是眼镜了。一副糟糕的眼镜和一套糟糕的衣服一样，能毁掉一套不错的装扮。我们身上所穿戴的物品，只要有一样不协调就会毁掉整体的和谐感，眼镜是一个非常小的细节，却非常重要，因为眼镜戴在我们的脸上。我们要挑选与自己的脸部轮廓贴合的镜框，通过选择不同的材料和颜色改变形象。我一直都想要一副白框眼镜，但是一直没有找到满意的款式，希望有一天能寻觅到中意的一款。

给基本款的衣服搭配饰品并不难，一条有质感的毛衣链、一枚精致的胸针、一块简单大方的手表，都是不错的选择。

穿衣搭配的好搭档——披肩

披肩的亮点当然是它的颜色，但是我们也可以在尺寸和图案上面做文章。

说到披肩，很多人对它的印象就是"防寒保暖之物"，所以很多披肩最终都被用成了"围巾"。其实如果我们关注时尚的话，就会发现，披肩受到很多时尚宠儿的青睐，很多人都爱使用各式各样的披肩来打造属于自己的造型和风格。

披肩的亮点当然是它的颜色，颜色最重要也最直观。选择什么样的颜色，还要考虑到发色、肤色、衣服的颜色、配饰，等等，想要选好合适的披肩，可不是一件简单的事。除了颜色，我们也可以在尺寸和图案上面做文章，说到尺寸和图案，披肩的样式就太多了，如何在千千万万的披肩中选出合适的，就看你对自己风格的把握了。

披肩不仅是在体寒的季节起到保暖作用的佳品，还是穿搭的精髓。

但是披肩与披肩之间哪怕只有一点点差别,穿搭起来的感觉可能都会很不一样。譬如,即便是同样大小的披肩,构成的材料和披在肩上的方式不同,披肩的重量都会发生变化。另外,披肩不是很好搭配的衣物,大家一定要注意不要搭配得过于特立独行。

帽子是打造时尚着装的好助手

过去不怎么喜欢戴的帽子，到了今天已经成了我的必备物品。

曾经和一位女性朋友聊天，她说，如果有一天她没有洗头但必须要出门的话，她就会戴上一顶帽子来遮盖自己油腻的头发和糟糕的发型。我想说的是，帽子可绝不是这样用的。帽子在服饰的搭配中，也是不可或缺的一抹色彩，尤其是用它来搭配基本款，简直是屡试不爽。毕竟，帽子的种类和款式实在是太多了，你总能挑选出一款合适的来搭配你的着装。

过去不怎么喜欢戴的帽子，到了今天已经成了我的必备物品。如果我穿了一件巴尔玛肯外套而没有佩戴帽子，就像穿了上衣没穿裤子似的，让我感觉浑身不自在。帽子对我而言就是不可或缺的存在。不同的佩戴方式能够展现不同的个性，也能够确定一天着装的元素。

日常的衣服

着装的关键在于鞋子

选择鞋子的首要要求是穿着和走路的舒适度。

你可能听过一句老话:"鞋子成就一个人。"意思就是说,鞋子对一套衣服的整体效果起着关键作用。关于鞋子的问题,大概都能写一本书了。虽然鞋子离我们的脸最远,但是它们的确经常受到人们的关注。如果鞋子不合适,很容易就会被看出来。

选择鞋子的首要要求是穿着和走路的舒适度。而正因为我们选择了日常的衣服,所以我们必须以下装与鞋子的搭配为首要条件,从而选择鞋子的款式。譬如,用一双轻便运动鞋展现俏皮的味道。每一天我们都要穿上舒适的鞋子出门,所以大家一定不要忘记定时修补鞋子。

买鞋、试鞋是一件需要花费很多时间和精力的事,而且有很多鞋需要在穿着一段时间之后才会发现它是否合适。但是即便如此,也不要放弃给自己的双脚找到一双合适的鞋子。其实,搭配就是一双合适的鞋子配了一套合适的衣服、一个合适的包包而已。所以,在穿好衣服之后,请不要着急,多挑选几双鞋子,然后一一试穿看看。多试试只需要几分钟的时间,但是它却能够带来奇迹。

就像贝特·米德勒曾经说的:给一个姑娘一双合脚的鞋子,她能征服整个世界。

轻便而时尚的包包

包包是打造你时尚造型和品味必不可少的利器。很多时候,只需要搭配一只时尚的包包,就能让你的整个装扮亮眼起来。

包包是每个女孩都钟爱的配饰,我听说过很多女孩为了买下心仪的名牌包包,省吃俭用不惜花上几个月的薪水。这并不奇怪,因为包包是打造你时尚造型和品位必不可少的利器。很多时候,只需要搭配一只时尚的包包,就能让你的整个装扮亮眼起来。

柔软的皮革单肩包特别适合工作日。这种包包既可手提也可挂在肩上,不同的背法能体现不同的气质。

日常的衣服

我在这里要介绍的包包,是那种简约、休闲、容量大的款式,可以说是包包当中的"基本款"。这种包包十分适合日常使用,轻便又方便,也完全不需要担心不好搭配。实际上,它像颜色当中的"白色"一样,是百搭的。

我在工作中常用这种帆布包,之所以钟爱这类包包,是因为包的容积大,材料厚实,拉链长,所以方便放东西。A4大小的资料不需要折叠,可以直接放进去。

时而温柔,时而严厉……还有从未改变的"淘气"

我是在三十多年前结识多佳子女士的。在那个年代,买手店可谓屈指可数。多佳子夫妇俩共同经营的"Itional"凭借其独特的品位和亮眼的商品,在为数不多的买手店中脱颖而出,因而备受大众喜爱。那时候,多佳子女士总是优雅地站在店门口迎接每一位顾客。有时穿着一套传统服饰,譬如用藏青色与炭灰色相间的开襟毛衣搭配苏格兰短裙;有时会换上简约轻便的服装,浑身散发着浓厚的美式风情。她的穿衣风格变化多端,总是为人们带来新的时尚潮流,给一成不变的日子增光添彩。所以,我相信多佳子女士的穿衣风格给不少顾客带来了积极的影响。

相识多年,我们彼此的人生都发生了翻天覆地的变化。当我们阔别十五年后重逢时,我已经从一名家庭主妇变成了一家公司的经营者。我半路出家,在经营管理方面的经验远不如她丰富,便总是向她请教各种问题,而她总是不厌其烦地为我排忧解难。我这个人宽于律己同时也宽于待人,所以特别不擅长处理人事问题。对此,多佳子女士给了我这样的建议:"你要成为一个受人尊敬且得人心的领导。"这句珍贵的话语助我成长,至今我依然铭记于心。

此外,多佳子女士形形色色的趣闻简直多不胜数,前前后后加起来可以写上一本书了。譬如,在我开车迎接她的时候,她却不小心打开了别人的车门,天然而不加修饰的性格特别有趣;在我的店铺开张时,她穿着一身稳重的格子与竖条纹拼接的套装,显得干练而精致。

多佳子女士总是先人后己,优先帮助他人,将自己的享乐放到最后。话说回来,我一直想找机会同她一起去远方旅行,可是她实在太繁忙了,看来我还需要静待佳音。

CHECK&STRIPE 在田佳代子

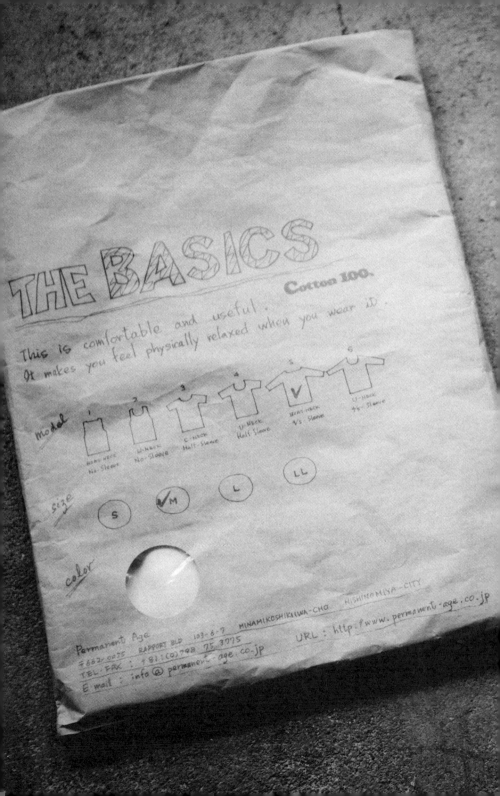

○ 你已经没有办法改变外貌了,可是你至少得要养成知书达礼的性格呀。

○ 我认为一名合格的设计师需要具备这样的能力:拥有能够感知逸闻趣事的天线,能够用双眼观察形形色色的人,从人们的需求之中挑选出符合时尚潮流的元素并加以传播。

○ 到了这把年纪,丈夫依然对任何工作都要求精益求精。他年轻的时候更是一丝不苟,无法容忍一丁点儿错误,凡事一定要做到满意为止。

CHAPTER 3

我们的事业的开端

我们相遇在小学校园

我们夫妇是在小学相识的,也就是所谓的"青梅竹马"。

我们夫妇是在小学相识的,也就是所谓的"青梅竹马"。不过,起初我们分别属于不同班级,彼此之间几乎没有任何接触。毕竟我们出生于"婴儿潮"时代,那时候光一个年级就有十三个班级。因此,不同班级的学生基本上是没有什么碰面的机会的。

然而,在相识成为朋友之前,我就认识我丈夫了。因为他是一名十项全能的优秀学生。譬如,经常在全校学生面前受到表彰啦,在学习成绩发表演出会上总是扮演英雄的角色啦。相比之下,我在学习成绩发表演出会上总是担任群众的角色,学习成绩也是极其普通。

在初中时期,进入学生会以后,我们俩才正正经经地说过话。虽然我们依然不同班,但是因为教室就在隔壁,一到休息时间就会到走廊里玩耍,所以便会经常见面。他说那时候的我总是说一些蠢话,

日常的衣服

事实似乎的确如此。那些年我们总是在一起玩,却从来没有传过绯闻,因为我们还只是称兄道弟的朋友。

那时候,他经常到我们家玩耍。并不是与我要好的缘故,而是因为和兄长他们关系好。我有两位兄长,他们的朋友遍天下,所以我们家大门处总是摆放着大量的拖鞋,都是为随时到来的客人准备的,其中甚至还有玩到半夜才回家的。当然,我的丈夫也曾经是其中一员。有了大家的欢声笑语,我家简直热闹得像个不夜城。

高中毕业后,我进入社会工作,而他升入艺术大学学习之后,依旧经常出入我家,几乎每天都会在我家吃了饭再回自己家。每个月领到打工费,他就会倾尽全部财产购买心仪的衣服,怪不得穷呀。

说起来,我们俩平平淡淡的关系维持了很长时间,直到他家父母开口提出"你们也差不多可以考虑结婚了吧……",我们才以此为契机,决定在二十五岁这一年结婚了。我的母亲或许也因此松了一口气吧。我有许多兄弟姐妹,除了兄长之外还有一个姐姐,她和我有着天壤之别,如果说我是平民,那么她一定是贵族人家的大小姐,我们因此经常被人拿来做比较。就这一点,我的兄长们总是说我:"你已经没有办法改变外貌了,可是你至少得要养成知书达礼的性格呀。"

很遗憾的是，我这大大咧咧的性格到现在也没有任何改变。所以，大家一听说我们结婚的消息，便喜上眉梢地说："能和小林结婚算你有福气。"

我常常在想，虽然我们拥有喜爱服装这个共同点，但是彼此的思维方式是完全相反的。所以，我们所做的事情总是免不了产生分歧。

即便如此，我们俩磕磕碰碰了四十年，生活依然非常美满。大家一定会觉得不可思议吧。

个性张扬的时代

我认为一名合格的设计师需要具备这样的能力：拥有能够感知逸闻趣事的天线，能够用双眼观察形形色色的人，从人们的需求之中挑选出符合时尚潮流的元素并加以传播。

我是在临近大学毕业的时候决定从事与服装相关的工作的。彼时，我胸怀无限梦想，有许多想要为之一试的想法和工作选择。譬如，美术印刷设计师、建筑师，等等。经过千挑万选，我最终选择了服装行业。这是因为我在年轻的时候喜欢追赶时尚，并没有经过深思熟虑就信誓旦旦地认为服装行业将会日渐兴盛（笑）。

总而言之，我认为只要站在服装行业的上游就能看清楚整个行业的全貌，于是第一份工作我选择了一家纺织公司。结果，工作了一段时间之后，我依然感觉一头雾水，看不清行业的全貌（笑）。我觉得不能止步不前、坐以待毙，所以逐渐从上游转入中游行业，又从中游转到下游，前后进入服装制造公司和服装贸易公司工作了一段时间。

经过反复跳槽，在不同类型的公司工作，我不但获得了不少有用的经验，并且产生了单干的想法，恨不得包揽一件衣服从制作到销售的所有工作。但是，为此我就需要更多时间了。于是，我制定了一套计划：每周只花三四天时间去公司上班，剩余时间全部用来制作自己的产品。从那时开始，我便按照计划，花一半时间上班，剩余一半时间用来设计服装。这样的生活持续了一段时间。

在那个年代，我创作了不少非主流风格的商品，并且从中我发现了一个规律——一件商品越是与众不同销量就越好。当时，我给一件造型非主流款式的毛衣定价五六万日元，我估计这么贵的东西就算是我也不会买，却没想到竟然被人买下了。这就说明消费者都在追求"趣味性"。

虽然我制作的商品各具特色，但我有一个从未改变过的理念，那就是"设计师不是创作者"。所谓的"创作者"，即便得不到大众的欣赏也要展现自己的个性。但是，设计师必须抓住人们追求的、渴望的东西，即收集消费者群体的需求，经过层层筛选进而制作成商品。所以，在我看来，一名优秀的设计师必须从头到尾保持中立的态度。

日常的衣服

CHAPTER 3/ 我们的事业的开端

我认为一名合格的设计师需要具备这样的能力：拥有能够感知逸闻趣事的天线，能够用双眼观察形形色色的人，从人们的需求之中挑选出符合时尚潮流的元素并加以传播。作为一名服装设计师，我想要一直作为潮流风向标，带领大家在时尚的道路上不断前行。

向俱乐部老板学习

我领教到了何谓关怀，何谓体贴。

在我们婚后的第三年，丈夫辞去了公司的工作，开始从事原创服装的设计与制作。这时候，丈夫向我提议："我虽然懂得如何制作服装，但是对销售一窍不通。咱俩分工合作，销售的工作就交给你啦。"我欣然接受了这个提议，以此为契机正式进入服装行业工作。在此之前，虽然我喜欢逛商场买衣服，但是完全没有服装销售的经验。

说起来，我也不是完全没有工作经验。高中毕业以后，我曾在一家贸易公司从事过助理的工作。但是，结婚后我就变成了一名专职主妇。所以，我可没办法从家庭主妇摇身一变成为服装销售。经过再三思量，同时受到丈夫满腔热血的创业精神的鼓舞，我决定努力学习销售技巧，作为兼职员工进入了一家时装店工作。

那家店是由一对富人夫妇经营的，工作氛围比较轻松自由，店主也十分信任我，甚至让我这个门外汉负责采购的工作。因此我学到了不少知识。回想起刚开始工作的时候不免唏嘘，那时我连"欢迎光临"四个字都说不利索。要知道，没有从事过销售工作的人真的很难说好这句看似简单的话啊。

为了让我们的事业走上正轨，我决定学习另一项未曾涉足过的工作——经营管理。我通过熟人介绍，来到一家俱乐部里从事经营管理的兼职工作。这家俱乐部位于神户，而我从事兼职工作的地方则是在俱乐部老板居住的公寓。我在那间公寓里从事了发票整理、女招待的工资核算等工作。

我很少有机会见到老板本人，但我记得她神似女演员山冈久乃，一举一动极其端庄。她不仅外表整洁秀丽，私下里的生活也是无比"整洁"：早晨起床之后梳妆打扮，然后打扫卫生，浏览当天所有报纸上的新闻内容；到了晚上便会换上用于工作场合的和服，精神抖擞地出门工作。据说她的身边没有任何赞助人，她完全凭借自己的能力撑起了一片天。

这位老板虽然沉默寡言，但是当我不经意地向她搭话时，她曾经说过这样一段话，至今还令我记忆犹新。

对于我的提问："女招待的收入不菲吧？"她是这样回答的：

"这些年轻女性的确拥有不错的收入，可是她们的素质都不高。她们总是穿着廉价的衣服，她们写的字也没法入眼。我可是给她们发了不少工资，却也不见有任何长进。我觉得她们应该用这些钱来投资自己，让自己变得更优秀。"她的人如其言，坚持贯彻属于她的一套独特的哲学观点。绝对不让我这个与陪酒行业完全无关的人去店里工作，也正是她的为人处世的表现。

有一回，我曾经在老板生日的那一天送给她一束小花儿。身为一个俱乐部的店长，每到生日，必定会收到来自公司高层赠送的极其豪华的花束。尽管如此，店长却在第一时间将我送的花儿插到了花瓶里，摆放到公寓的进门处。这个不起眼的行为实在令人感动。作为一个即将成为经营者的人，我领教到了何谓关怀，何谓体贴。

我们的服装店"662"诞生啦

我们的第一家店是一家摆满了手工编织物商品的集装箱店铺，我们给它取名为"662"。这个店铺可是我们进入服装行业打拼的起点，同时也是为我们的事业奠定基础的重要基石。

我们的第一家店是一家摆满了手工编织物商品的集装箱店铺，我们给它取名为"662"。营业期间，我们会亲手制作每一件商品，卖完了以后便又继续赶制新品。如此一来，这个店铺便形成了浓浓的手工制作的氛围。

"662"这个名字，源于我们的住宅兼工作地点所在的西宫市的邮政编码。真的是非常"草率"吧（笑）。但是，这个店铺可是我们进入服装行业打拼的起点，同时也是为我们的事业奠定基础的重要基石。

然而，仅凭我们夫妇二人的能力，并不足以支撑店铺的运营。若是没有另外两位伙伴的支持与协助，"662"也好，将来的我们也好，都将不复存在。其中一位伙伴是编织品培训教室的女性教师，另一位是副业从事羊驼毛编织相关工作的男性摄影师。

那位女老师与我同龄，为人和善又热心，对待工作简直就像个拼命三郎。我是偶然在一家编织物教室里认识她的，经过长时间的相处，我发现她是一个特别出色的人，便将她介绍给丈夫，而他们也一拍即合。没过多久，我们就决定携手经营店铺了。

当年，我们店里的所有商品都是手工制作的。我们俩同在一个屋檐下，一起制作了许多精致又漂亮的编织品。不是我自卖自夸，我们当年精心制作的手工编织品，就算是放在今天，要说巧夺天工也完全不过分。

那位摄影师因为平时从事毛线的销售工作，所以拥有一套独特的营销手段。当时，我是通过有合作关系的供应商联系到他的。联系上本人之后，我便提出了共同经营公司的想法，但是他并没有立刻应允，而是让我稍等片刻。我正思考着他没有答应的原因，却没想到不久后他就拿着一笔钱找到我，并称要用这些钱来投资我们的店铺。

实际上,他为了筹集成立公司的资金,每天晚上都在兼职从事卡车司机的工作。我想他最近一定没怎么睡好觉。于是,这时我深刻认识到了这个人对于创业的觉悟,同时重新坚定了从事服装销售的决心。

就这样，我负责销售，丈夫和女老师负责手工制作商品，摄影师则是负责营业。我们建立了明确的分工体系，并且凝聚了四个人的力量，将『662』从一只雏鸟养育成了展翅高飞的雄鹰。

拼命三郎

与专注于制作商品的丈夫不同，我的工作是"购买成品"。即便如此，我的工作也是应接不暇的。那些年的我真是现实版的拼命三郎呀。

"662"从一家无名小店发展壮大成为在行业颇具名气的服装店，我们因此创办了"Itional"服装公司。"Itional"这个名字来源于"传统（traditional）"的英文单词，从中去掉"trad"几个字母，就得到了"Itional"。这便是我们公司名称的由来。

我结婚以后便一直是全职主妇，几乎没有任何工作经验。大家一定会好奇我是如何以销售工作为首，熟悉并与公司职员打交道以及从事其他相关工作的吧。说到底，工作是不能照本宣科的呀。对于初来乍到的新人，我会遵循"糖和鞭子"的原则，在新人犯错时给予严厉的教导，创造优秀的业绩时则给予鼓励。在培养职员的同时，我感觉自己也得到了成长。

从白纸上做企划到投入生产，开发新产品的每一个阶段的工作都极具挑战。丈夫独自挑起了这个重担，想必他一定付出了很多不为人知的努力吧。

到了这把年纪，丈夫依然对任何工作都要求精益求精。他年轻的时候更是一丝不苟，无法容忍一丁点儿错误，凡事一定要做到满意为止。

譬如，在展览会的前一天晚上，准备时间已所剩无几。若是一件商品的陈列方式（商品的完成度自不必提）在丈夫看来不够完美，那么他一定要改到满意为止。结果，那天半夜两三点，我们公司所有员工齐聚一堂，按照他的指令将陈列方式彻底换了一遍。我还记得，只要他来店铺或是事务所巡视，员工便会紧张得不敢动弹。不过，正因为我们公司只有一个最高领导者，所以形成了良好的工作氛围。大家不会自由散漫，而是各司其职做好自己的工作。无论结果是好是坏，大家从头到尾都秉持着"跟随领导一起制作产品"的信念。我认为这种信念是支撑着公司发展壮大的重要因素。

除此之外，我同时还负责采购的工作，所以需要经常去巴黎、米兰、伦敦等外国知名时尚之都采购商品。那时候，我常常在睡梦中突然惊醒，翻来覆去思考今天采购到的东西好不好。到了第二天，我便

日常的衣服

会重新选购一次备货所需的商品,再去商品陈列馆追加订单,或是多买几件不同颜色或尺寸的同款服装。与专注于制作商品的丈夫不同,我的工作是"购买成品"。即便如此,我的工作也是应接不暇的。

到了现在,我不禁感慨年轻真好,哪怕是通宵达旦、废寝忘食也毫无压力。

那些年的我真是现实版的拼命三郎呀(笑)。

创立"Itional"之后

我在那段时间里陷入困境，经过朋友们的帮助才重新振作起来，由此深刻体会到了友情的可贵。

服装公司"Itional"顺应时代的潮流逐渐发展壮大。我负责公司的经营和商品企划，而妻子则负责商品的采购和销售。我们俩的分工十分明确。当然了，一同创立"662"的另外两位伙伴也各司其职，分别担任了商品管理与营业部门的总监。随着公司规模不断扩大，我们分别在芦屋、东京、福冈开设了事务所。与此同时，我们在全国范围内开设了十家分店。随着公司的迅速发展，员工的人数也在急剧增加。

虽然"Itional"这家公司的销售额着实令人感到欣慰，但是没过多久，由于公司的飞速发展，我个人的资金链很快就不够周转了。公司也好，气球也罢，一旦突然迅速膨胀，必定会出现破裂的风险（苦笑）。刚好在我烦恼如何筹钱的时候，我的身边出现了一位愿意为我投资

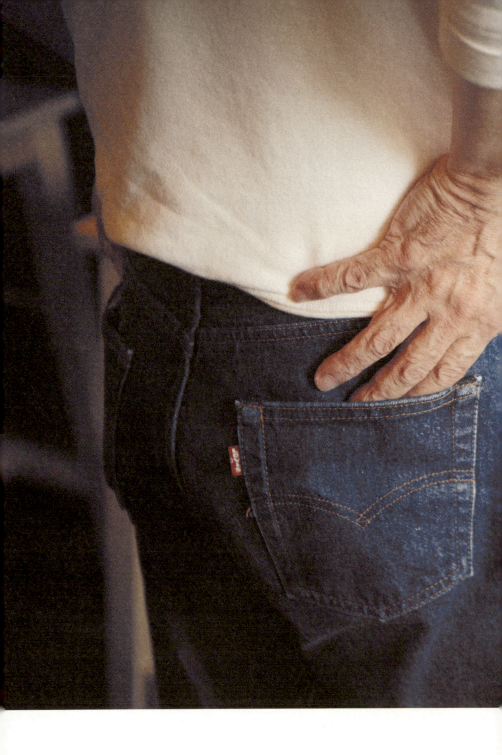

日常的衣服

的合伙人。然而，一般来说，投资人不可能只出钱而不管事。于是，长年累月的共事导致我和合伙人之间渐渐产生了裂痕。老实说，我实在找不出彼此之间产生分歧的原因，也就自然无从下手解决了。

结果，到了2000年，由于各方领导之间的矛盾逐渐无法调和，我们夫妇被迫离开了亲手创办的"Itional"。而曾经一同在"Itional"打拼的同伴们也渐渐离开了那里。一想到曾经与伙伴们共同战斗的岁月，一同创造的成绩，而今都已灰飞烟灭，对此我感到后悔莫及。又过了一段时间，"Itional"由于经营不善，最终迎来了倒闭的结局。我至今还记得非常清楚，当我得知"Itional"已不复存在，我几乎怒火中烧，却又无能为力。然而，我十分清楚悲剧的原因都在于我的领导无方，我们的公司落到如此地步，恐怕是因为我遭天打雷劈了吧。

在我几近崩溃的时候，老朋友便会抽空来"Permanent Age"为我排解烦忧，他们的欢声笑语将我从绝望的深渊拯救出来。我知道简单的一句"谢谢"完全不足以表达我内心澎湃的感激之情，但我总会对他们说"谢谢"。我在那段时间里陷入困境，经过朋友们的帮助才重新振作起来，由此深刻体会到了友情的可贵。

"Permanent Age"：
用基本款服饰打造穿衣品位

我们之所以选择基本款服饰，并不是为了抛弃流行和时尚，而是因为经过在服装行业十几年的磨炼与经验的积累，我们认为基本款服饰能够为我们打开新的天地。

辞去"Itional"的工作之后，我原本打算放下一切，花大把的时间给自己慢慢充电。但也正是在那时，我突然获得了一个好机会，找到了一个开启第二次创业之门的"好地方"。我们夫妇曾经想过，若是要重新开始经营服装店，一定要找个不受周围环境影响，能够凭我们俩的力量立足的地方。而我们就在苦乐园找到了那个合适的地方。三个月以后，我们在那里开了一家新店。之所以如此雷厉风行，并不是因为我们急着想要重新走上正轨，而是因为朋友们给予了这样的忠告："若是花太多时间充电学习，你们会逐渐被世人遗忘啊。"虽然我们根本没有这样的危机感，也并不担心被人遗忘。但是，我们还想在今后的十年、二十年，甚至一辈子从事心爱的服装工作，所以为了避免在闲暇时间里迷失自我，找不到奋斗的方向，我们决定尽快成立这家新店。

"Permanent Age"是一家不追逐时尚潮流，主打"基本款服饰"（换而言之，也就是日常的衣服）的服装店。这家店规模比较小，与过去多元化的经营理念不同，是为那些对时尚和打扮有兴趣的顾客推荐合适的基本款服饰，以便丰富大家的日常生活。我觉得"Permanent Age"可以实现在大企业做不到的一些事情，譬如使用基本款服饰打造一个人的穿衣品位。

说起来，我们之所以选择基本款服饰，并不是为了抛弃流行和时尚，而是因为经过在服装行业十几年的磨炼与经验的积累，我们认为基本款服饰能够为我们打开新的天地。我非常憧憬三宅一生、高田贤三、金子功等时尚设计师。观赏过他们的作品之后，我发现了一个有趣的共同点：他们的服装设计不是从零开始的。因为其中还包括从古代服装，譬如印度的民族服装、美洲原住民的服装之中借鉴的元素。当我察觉到这一点时，我便产生了"啊！我找到了想做的事情！"的想法。这也是我开创新事业的契机。

基本款服饰是永恒不变、经久不衰的，每个人都会需要。我认为，基本款服饰代表着年过六十岁的我的一种生活方式。

怀有坚定的信念所以不会动摇

我与林先生相识十五年了。我一直认为林先生是一位能够永远坚持信念不动摇的人。他的穿着将他的个性展现得淋漓尽致,无论是一板一眼的西装,还是一身轻便的休闲装,都极具个人特色。这一定是源于林先生对于时尚的热情以及少年时代所受到的影响。

林先生和我都曾经历过贫穷年代的生活。那个年代的人,从孩提时代到高中成人为止,一直极度缺乏物质和精神方面的资源。所以,一旦我们身边出现了新鲜的文化,我们几乎会全盘吸收。

譬如,以常春藤风格为首的美国的学院风、英伦摇滚风、嬉皮士等反主流文化……就像往空盒子里塞东西似的,我们不停地吸收了许多新鲜事物。

另一方面,时尚品牌的数量也是非常有限的,像我们便是在"VAN"和"Men's Club"等品牌的熏陶下成长的。譬如,"VAN"是一个大力提倡 TPO 的品牌。我在年轻时经常穿这个品牌的服装,所以现在才掌握了一套按照时间、地点和场合规范地着装的标准。

除了洋装以外，从世界知名的工坊以及在英国城堡制作的自行车模型到蚊香等日杂用品，他都有一套独特的品位和见解。林先生的魅力就在于坚持规范着装的标准的同时找到适合自己的时尚风格，并且顺应时代变化不断创新。

快晴堂　杉田直人

○ 只要大方地表现自己，给人端正优雅的印象，也就是在穿着和举止方面下工夫，就能获得他人的好感。

○ 无论到何时，只要在时间和精力允许的条件下，我还想要继续畅游世界，了解更多未知的事物。

○ 以对待终身热爱的事业的态度来认真对待一切事物的人，一定可以过上丰盛的人生。

○ 这么多年来，我们的生活有苦也有乐，而现在我们觉得一切都是"美好的"。

Permanent Age
永恒不变的事物

品位需要时间的沉淀

我认为任何事物都需要经过时间的沉淀，才能酿出"品位"。

回顾过往，我们在各式各样的房子里度过了不同阶段的生活。新婚之初，我们曾在距离车站步行两分钟左右的文化住宅里居住过一段时间。我们本想在丈夫所在的东京的公司附近就近租房子，但由于丈夫与上司起了冲突，一言不合就辞职了，于是，我们只能回老家再做打算。要知道这件事就发生在婚礼的一个月前啊，现在回想起来还觉得不可思议。事已至此，我们匆忙地寻到了一个位于甲东园的文化住宅，就因为这间房子和老家相隔不远，我们便很快住了进去。我刚好想留在老家，母亲也舍不得我远离家乡，实在是皆大欢喜。

那栋文化住宅一共有两层楼高，属于传统木结构房屋，临近新干线的铁路。某天，侄子到我们家玩，竟然向我提出了一个天真无邪的问题："只有二楼是姑妈家吗？那么一楼是谁家的呢？"这孩子没有见过文化住宅，怪不得会产生这样的疑问呀。（文化住宅是日本大正时代中期以后开始流行的、引入西洋生活方式的一般住宅，属于和洋折衷住宅。）

常言道，既来之，则安之。我们当时才初出茅庐，在那套房子里度过了一段无忧无虑的快活日子。不过，那房子确实非常破旧，只要新干线经过附近，整层楼都会开始摇晃，宛如地震一般，甚至导致堆积在架子上的毛线球都砸到我们头上，惊醒了熟睡中的我们（笑）。

我还记得我们在某一天不约而同地提出更换住处的想法，并迅速搬进了一间公寓。

不可思议的是，每次搬家过后不久就会感觉房间变得特别狭窄。像我们这次刚搬进新的公寓，就觉得房子太小，根本不够用。正当我们苦于寻求解决方法时，突然发现了一栋古旧的洋房。我们几乎对它一见钟情，无论这房子是否已有租客，我们都要实现"一定要住进去"的执念。

长此以往，我们成了这栋洋房的偷窥狂。一到晚上，我们总是宛如顽皮的孩子爬上围栏，窥视墙内风景，甚至浮想联翩。我还记得曾经眼巴巴地望着房子，说着"真好看呀，不知道房子里怎么样呀……"。

虽然房东已经明确告诉我们"已经有租客预定了房子",我们却一直在祈祷租客退租以后能让我们住进去。

所谓的"心想事成"在我们身上应验了。没想到我们很快就接到了房东的通知,由于原本要入住的租客没有签好合同,所以对方希望我们能考虑签订租约。简直是天遂人愿啊。

住进心心念念的洋房之后,我们将一楼当作工作室,将二楼当作生活空间。然而,这样的生活也没有持续太久。当我们感觉空间不够用的同时,房东也要将这栋洋房改建成公寓,我们不得不重新开始寻找新的居所。

那时,我听说芦屋那儿会修建一栋公寓式住宅。虽然那种公寓结构简单,并且到处打着钢筋水泥,但是天花板够高,所以使得整个房间都显得比较宽敞明亮。于是,我们决定搬到那栋公寓居住,没想到一住就是三十几年。而这套房子也是我们第一套单独用来居住、将工作与生活完全分开的居所。随着房龄的增长,房子内部的各种设施变得陈旧,为了继续舒适地居住,我们花了不少时间和精力将房子翻新,采用实木地板装修的起居室和餐厅依旧与入住之初一模一样。

话说回来,我们刚搬进新房子的时候买了一张由七叶树为原材料制作的原木桌子。过了三十多年,桌子的颜色变得更加好看了。所以,我认为任何事物都需要经过时间的沉淀,才能酿出"品位"。

丢弃无用之物，找到你的风格

威廉·莫里斯说过，所有你认为没有用或者不好看的东西，都不能保留在家里。

一个人随着年龄的增长，身心都会产生变化。变得看不清很小的文字也好，身体线条变得模糊也罢，都是人的一生中必须经历的变化。想必许多人起初会难以适应这些变化，但我认为我们没有必要反抗或是挣扎，为了能够更愉快地安度晚年，不如顺其自然。

我不认为年岁增长是件悲伤的事情，要知道这可是一种自然规律。违抗自然规律可是得不偿失的。与其白费心力，不如接受这些变化，创造比过去更加精彩的人生，使自己在下一个人生阶段焕发新的光芒。

要让自己获得新生，我认为首先必须要学会"如何丢弃无用之物"。当然了，我并不建议乱丢东西，我们依然要坚持节俭的好习惯。我所要推荐的方法是将衣柜里过时的旧衣服和几乎不穿的衣服干脆地扔掉。三年前，当我们的房子进行改建的时候，我们也果断地扔了许多不需要的衣服，其中还包括英国品牌的西装和开司米羊绒衫，以及高价买入的古着。总之，我们抛弃了许多多年没有用过的、今后也不会再有露面机会的衣服。

威廉·莫里斯说过，所有你认为没有用或者不好看的东西，都不能保留在家里。不会再穿的旧衣服既无用又不好看。虽然这么说太过于直白，但是我相信很多人应该也会认同我的观点吧。

我认为，如果一件衣服你已经很久没有穿过它，并且未来的很长时间也没有再穿它的想法，那么即使当初为了买它花光了你一个月的薪水，这件衣服也没有再留在你的衣柜里的必要。相信我，你不会再穿它了。一件衣服最大的价值是被穿在身上而非放进衣柜进行收藏，如果它已经不能让你变得更好看，已经无法代表你的风格，哪怕还是新的，哪怕很昂贵，哪怕你觉得过段时间也许会穿它，哪怕你留恋衣服本身的好看，也要咬咬牙，狠狠心。时尚和风格是一个人不断选择的结果。每天早上当你打开衣柜，你总是会不自觉地伸手去拿那么几件经常穿的衣服，因为它们适合你，舒适，你穿上它们会变得好看，心情会好。那么，这几件衣服就代表了你的风格。

CHAPTER 4/ Permanent Age 永恒不变的事物

相比之下，那些不穿的衣服其实就不是你的风格之选。我相信，你也和我一样，一定有由于早上挑选了不合适的衣服而一整天都如坐针毡的经历吧。

丢弃无用之物的原则是：不要仔细看。一旦仔细观察这些衣物，我们便会产生不舍的情绪，譬如觉得这件衣服很贵啦，那件衣服很稀有啦，结果根本下不了手。

如果我们心存杂念，觉得这件衣服总会有用武之地，或是能送给别人，结果左来右去，浪费时间做了无用功。于是，我劝说自己：珍惜旧衣服本身是良好的习惯，但若是总是将旧衣服收在衣柜里，那么我的衣服永远不会更新换代，我会永远赶不上潮流。

因此，我现在只要看见有人不修边幅，穿着褴褛的衣裳，便会在心里呐喊"他们为什么不好好打扮自己？！"这是因为他们只要留着旧衣服就会顺手穿上身，因此提不起买新衣服的兴趣，如此周而复始。在此我想劝告大家，倘若发现自己在穿衣搭配上遇到了瓶颈，总之先将长期压箱底的衣服全部扔掉。相信我，你们一定能打开一片新世界，找到适合自己的穿衣风格。

自然美才是真的美

我们应该选择适合年龄的着装方式,不要过于妖艳,也不要过于朴素。

老年斑、皱纹、白发,我将这些元素称作"3S"(注:这三个词在日语里的发音是以"S"开头的)。它们同属女性的天敌,但是实际上也是老年人打造适龄时尚造型的重要武器。

我现在留着一头灰色短发,但不完全是灰色,而是少许掺杂了一点儿茶色,以便给人和蔼的印象。如此一来,我便打破了黑发的局限性,拓宽了色彩搭配的范围。像是红色、绿色、紫色等颜色鲜艳的服装,我的发色都能与之完美搭配。

眼镜也有相同的作用。当我刚开始需要戴老花眼镜的时候,我还没能接受自己已经进入老年阶段的事实,因此受了不小的打击。但是仔细想想,我竟发现挑选各式各样的眼镜会给我带来新的乐

日常的衣服

CHAPTER 4/ Permanent Age 永恒不变的事物

趣，我便欣然接受了这个事实。如今，我会去眼镜店挑选不同颜色和款式的眼镜，它们为我搭配不同款式的服饰和饰品增添了不少乐趣。

老年斑和皱纹虽然不好看，但它们就是记录人生的年轮。当然，我们需要采取保养措施延缓衰老，但是不可能将它们完全遮住（笑）。与其遮遮掩掩地往脸上涂厚厚一层粉底，不如自豪地露出斑和皱纹，反而能够体现自然美。

当我们观察一个人时，会审视这个人的"全身"。我们不会只盯着身体的某一部分，譬如脸或者脚，而是会观察这个人说话时的表情、明朗的语调，以及整个人的气质和氛围。所以，不用过分在意他人的眼光，因为别人也像我们一样不会关注那么多细节（笑）。

只要大方地表现自己，给人端正优雅的印象，也就是在穿着和举止方面下工夫，就能获得他人的好感。

涂上厚厚的粉底，故意装作逆生长，或是佩戴一些不合年龄的首饰……这么做或许能满足自己，但在别人看来反而会显得不自然。反过来说，我们也没有必要因为上了年纪而不收拾打扮，抛弃女人

日常的衣服

味，这么做实在可惜。总而言之，我想说的是，我们应该选择适合年龄的着装方式，不要过于妖艳，也不要过于朴素。

老年斑、皱纹、白发，并没有什么不好的呀。要成为一个受人喜欢的可爱的老奶奶，这些元素都是不可或缺的呀。

让每个人舒适地享受生活

将自己打扮得可爱又迷人,尽情地享受每一天的生活,你的人生将会变得丰富多彩。

在很长一段时间里,我总是特别关注"五毫米"的差别。裤子的长度若是短了五毫米,我会感觉非常难受,甚至一整天头痛欲裂却又无计可施。某一天,我就因为发现"今天的裤子短了五毫米"而感觉异常焦虑,恨不得争分夺秒地赶回家换裤子。

我是在四十岁以后才改掉这种近乎强迫症的习惯。因为,我发现裤腿短了五毫米的误差根本不会被别人注意到,只有自己在乎这点儿小事,并且误以为这是一种"讲究"。现在我才发现自己以前是个怪人,为了别人根本察觉不到的事情焦头烂额。若是能早点发现这个问题,该有多么轻松啊……

临近古稀之年,我常常冒出"总有一天,我要干点什么"的想法。

这种想法不代表逃避，也不意味着放弃。而是想办法让自己放轻松，愉快地度过晚年生活。若是听到同龄人感慨："我已经到了这把年纪，以后的日子怎么过都无所谓啦"，那么我一定会给他加油打气："别这么说，今后的日子还精彩着呢。"我认为这不但是我个人的想法，同时也是一介服装店的店主应该为顾客履行的职责。在"Permanent Age"成立之前，我们一直过着繁忙的生活。所以，在我五十岁那一年决定开这家店的时候，我下定决心一定要经营一间能让每个人舒适地享受生活的服装店。希望我们的理念能够通过店里的服装传递给每一位顾客。

人人都爱追赶时尚，但是我们不需要勉强自己穿不合身的衣服或是搭配不合适的饰品，而是要将追赶时尚当作一项兴趣。服装的搭配组合是多种多样、千变万化的。一位女性，即便穿着同一件毛衣，是佩戴珍珠耳环还是绿松石项链，给人的感觉都是不一样的。因此，我希望大家能对这些细微的变化萌生兴趣。

当你神采奕奕地迈出家门，你一定期待着能够在这一天经历许多有趣的事情吧。你的"衣装"将支持你踏上愉快的旅程。将自己打扮得可爱又迷人，尽情地享受每一天的生活，你的人生将会变得丰富多彩。

日常的衣服

杰奎琳·肯尼迪

她的穿衣风格至今仍然毫不褪色,夺人眼球。

我不像丈夫拥有那么多的兴趣,我唯一的兴趣就是观赏电影。因为一部电影往往反映了那个年代的文化和时尚,而剧中女演员的穿衣风格也带给我不少参考和帮助,一切都使我兴趣盎然。

不过,说到穿衣风格,我想列举的人并不是女演员,而是我最憧憬的一个人——杰奎琳·肯尼迪,就是那位人称"杰克"的约翰·F.肯尼迪总统的夫人。

无论是作为第一夫人出席公开场合时的正式礼服,还是与家人度假时的便装,杰奎琳·肯尼迪都是极其优雅且独一无二的。另一方面,她常常用简约大气的休闲装装点日常生活。最经典的搭配莫过于白衬衫与休闲裤,横条纹衬衫与短款紧身裤,以及十分亮眼的精致小饰物。可以说,她的穿衣风格至今仍然毫不褪色,夺人眼球。

日常的衣服

我认为时尚的人大都开朗且充满活力，换句话说，朝气蓬勃的人一般都非常时尚。不久前，我观看了一部名叫《时尚美魔女》的电影。剧中登场的角色都是在纽约生活的六十岁以上的时尚女性，她们各自拥有一套穿衣风格，并且一反垂暮之年的老气横秋，通过独特的生活方式来体现活泼矫健的身体状态。这种积极的生活方式非常值得我们学习。

如何才能优雅地变老呢？我认为并不困难，只要积极地与形形色色的人接触，就能体验多种多样的乐趣。我有这样一位朋友，他常常亮出歌舞伎或舞台剧的门票，邀请我一同观赏。这位友人会给我推荐各种领域的有趣事物，而我也乐在其中。人活在世上，拥有能邀请自己一起玩的朋友是非常珍贵的。因为，他们会为我打开新世界的大门，带我体验不同的乐趣。

无论对象是顾客也好，还是工作往来的同事也罢，只要与不同行业、身处不同世界的人们交往，我们就能够获得非同一般的影响力，以便拓宽自己的视野。无论到何时，只要在时间和精力允许的条件下，我还想要继续畅游世界，了解更多未知的事物。

日常的衣服

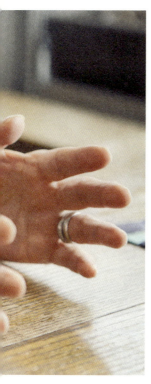

史蒂夫·麦奎因

一个人身体内部的审美观念不是简简单单依靠模仿就能学会的。

那位鼎鼎大名的演员史蒂夫·麦奎因的着装方式,对我产生了很大的影响。

我还是在小时候看电视连续剧 Wanted: Dead or Alive 时认识他的,同时也通过这部电视剧了解到了"赏金猎人"这种职业。

他一生中出演过许多部电影,但是只有在《警网铁金刚》《亡命大煞星》两部影片之中出现过系领带穿西装的情景。他懒洋洋地系着领带的样子非常帅气,我想看过这部影片的人们一定也会有同样的感受。此外,他还教会了我如何穿着行动方便的洋装。

譬如夹克衫的大小、夹克衫和裤子的搭配、夹克衫内搭的高领毛衣的穿着方式、裤子的长度、裤子和鞋子的搭配,还有巴尔玛肯外套的着装方式……史蒂夫·麦奎因的穿衣风格简直无可挑剔!我从年轻的时候就特别憧憬史蒂夫·麦奎因的穿衣方式，并且经常想方设法进行模仿，虽然自知无法达到同样的效果，但这一切让我学到了许多有用的知识。

除了史蒂夫·麦奎因之外，在音乐电影中展露华丽舞姿的弗雷德·阿斯泰尔的领结和印花大手帕也给我留下了非常深刻的印象。在《西北偏北》一剧中，卡里·格兰特穿着羊毛裤和平底鞋拍摄的一场戏令我印象深刻。那时候，我看到他穿着白色袜子的装扮，发自内心地觉得非常帅气。然而，当我尝试那种风格的打扮，却感觉浑身不自在，总觉得哪里不对劲。

我在上文提到的这几位电影明星，都不是像模特儿那样拥有修长四肢的时尚人士。尤其是弗雷德·阿斯泰尔，我可没法昧着良心称赞他外表俊美。但是，他们的穿衣风格，尤其是身着晚礼服的样子极其优雅且帅气。对于我这个很少有机会穿正装的人来说，他们在影片中的一举一动都可谓"移动的教科书"。直到现在，我有时还会看他们出演的电影的 DVD。

因为，我终于体会到渗透到一个人身体内部的审美观念不是简简单单依靠模仿就能学会的。

日常的衣服

CHAPTER 4/ Permanent Age 永恒不变的事物

一个人的服装品位是从小建立的

我儿时的服装都是由母亲单方面挑选的,不带有任何我的个人意志。不过,现在我倒是发现了一个事实——一个人对于服装品位的基础是从小时候开始建立的。

在我的孩提时代,物质条件远远比不上今天,我的洋装和毛衣基本上都是由母亲亲手制作的。除此之外便是继承两位兄长穿旧了的毛衣,一般织有"S"和"M"之类的首字母,以及姐姐穿旧了的连衣裙,颜色包括白色、藏青色、灰色,即便有花纹,至多不过是圆点或者格子。遗憾的是,我与少女气息浓重的红色、粉红色、可爱的花朵图案完全没有缘分。对此,母亲总是这样解释:"孩子本身就已经够可爱了,不需要过多的修饰。"

归根到底,我儿时的服装都是由母亲单方面挑选的,不带有任何我的个人意志(笑)。不过,现在我倒是发现了一个事实——一个人对于服装品位的基础是从小时候开始建立的。

我结婚的时候继承了母亲的和服,至今还保存得很好,我偶尔还会穿着那件和服出席重要场合。我家起居室里面有一个由油漆上色的和式衣柜,它收藏了许多宝贵的回忆。它是在我们搬到现在的居所之后,由工匠花了两年时间制成的。之所以专门定做一个衣柜,是因为作为嫁妆的桐木和式衣柜与新家的装修风格不搭。所以,我将桐木衣柜送回娘家之后,重新做了这样的柜子(笑)。

自我懂事以来,我记得母亲一直穿着和服。但是不知为何,母亲每次去我们兄妹的学校参加活动时,总是会整整齐齐地穿上一身洋装,这令我感到非常不可思议……

近来,我偶尔会在聚会和聚餐的场合穿着和服。和服使我的腰杆子显得笔挺,整个人会感觉特别清爽。就我而言,我对于和服和洋装的审美是一致的,一般会选择藏青色和灰色,还有白色之类的基本色。其中,特别要注意的一点是衬领必须为白色。这一小片白色能够将和服衬托得更为高贵,同时也能照亮穿和服的人的脸。说起来,我所选择的洋装的内搭也基本上是白底的呢(笑)。

对于母亲而言,和服是她的"日常的衣服"。

所以,今后我也会好好爱惜和服,让和服焕发更美丽的光彩。

日常的衣服

CHAPTER 4/ Permanent Age 永恒不变的事物

做自己喜欢的事情

无论男女老少,都应该至少拥有一项爱好,以便充实日常生活。

我啊,一进入花甲之年,就产生了许多新的想法,比如"如何度过第二人生呢?"对此,我觉得可以尝试挑战一些与过去的生活截然不同的事情。但是,若是真要推翻积累了多年的人生经验,展开一段全新的生活,未免难于上青天。所以,我认为既然要挑战新生活,那么就一定要利用自己多年来打下的基础给新生活铺平道路。

我有一位熟人,他一边干着农活儿,一边从事针织品设计的工作。对于他能同时从事两件完全没有关联性的工作,我感到特别不可思议,对此他向我解释:"就'制作'这点来看都是一样的。不同点只在于做的东西是服装还是蔬菜。"我顿时恍然大悟,不禁对他的生活方式感到无比羡慕。

人到垂暮之年,难免会突然发生变故。既然如此,不如在自己行动自由的时候尽情地挥洒时间，废寝忘食地做自己喜欢的事情。最近，我受人邀请前去参加在美国的沙漠举办的一场艺术活动。机会难得，我可必须要去。如今，我坦率地怀着活在当下的心情，珍惜每一次机会，随时都可以来一场说走就走的旅行。

如今的老年人大都精神矍铄。我身边那些年过花甲的前辈们，唱起歌来一个比一个活泼，就连卡拉 OK 都不够玩儿。其中还有几位前辈组建了一支乐队，唱起歌来从来都是全程由乐队演奏，甚至还会在 Live House（Live House：和普通的酒吧不同，Live House 一般都有顶级的音乐器材和音响设备，非常适合近距离欣赏各种现场音乐。由于观众和艺人距离非常近，因此在 Live House 中的演出气氛往往远胜于大型的体育馆的效果）包场演出。大家看看，前辈们的娱乐就是如此时尚，如此与众不同。所以啊，无论男女老少，都应该至少拥有一项爱好，以便充实日常生活。

而我自己也参加了前辈们推荐的一些娱乐项目，譬如台球和布鲁斯口琴。我现在特别热衷于布鲁斯口琴。这种口琴只有十个孔，中间音需要自己吹出来。我知道要完全掌握口琴的技巧是特别困难的，但若能偶尔吹出好听的声音，我便能感受到无法言喻的成就感。这就是它给我带来的乐趣。而我的老师也是一位非常潇洒的人，他名叫妹尾隆一郎，在日本布鲁斯口琴界极具名声，只要谈到"0 声部"就能想到他，他的知名度就

日常的衣服

CHAPTER 4/ Permanent Age 永恒不变的事物

是如此之高。每当我聆听他的演奏，必定会起一身鸡皮疙瘩。而他坚持演奏布鲁斯口琴的生活方式也是极其潇洒的。若是能够早点儿认识这位老师，我想我的人生或许会和现在不一样。

用认真的态度对待一切

> 既然是自己的家,当然要由自己亲手建造啦。

我现在正在学习英语会话。我这个人没常性,尝试过许多事情,结果坚持到最后的兴趣只剩下英语会话。即便如此,我的英语水平也迟迟没有长进,但我非常喜爱教我英语的尼克老师。

尼克老师今年四十多岁,是一名英国人。他的日语说得非常流利,对于日本的历史和文化比我了解得还多。但是,只要到了英语会话课上,他就完全不说日语了,全程都用英文讲课。当我听不懂的时候,他常常反复用英文问我"Pardon me?"但是从来都不用日语解释说明。在这一点上,他贯彻了比较严格的教学方法。然而,那句常用语或许并不完全是出于严格,而是对我的英语水平之低下感到震惊呢(笑)。

虽然在英语会话的学习方面迟迟未有进展,但我从尼克老师身上学

日常的衣服

158 — 159　　CHAPTER 4/ Permanent Age 永恒不变的事物

到了许多其他的知识。譬如，当我说到正在制定旅行的计划，他便会教我在出发前调查当地的风土人情。他不会只问我"去哪儿玩呀"，而是会将旅行目的地的国家或地区的历史和文化，甚至是旅行的背景等各方面的话题加入聊天之中。所以，老师每次都会兴致勃勃地听我说话，然后用他渊博的学识使单调的话题变得丰富多彩。

听说尼克老师马上要建造第二栋房子了。虽然说是建造，但并不是委托同行建房子，而是由他个人包揽设计、置办材料，到建造各方面的工作，简直就是"DIY 房子"。而他的目的也特别简单，就是"既然是自己的家，当然要由自己亲手建造啦。"在埋头苦干建造房子的过程中，他与当地居民交上了朋友，并且学到了许多知识。我认为整个过程特别有意义，能够亲手建造房子是非常了不起的。

虽然这栋房子本身是由尼克老师建造起来的，但在建造的过程中，老师积极地与附近邻居打交道并从中获取经验。从这些事情就能看出他为人处世是多么优秀。英语会话自不必说，他的个人魅力也是非常值得我学习的。

以对待终身热爱的事业的态度来认真对待一切事物的人，一定可以过上丰盛的人生。

我的梦想是"成为创作者"

> 总有一天,我一定要拥有一个工作室,在时机成熟时举办个人展览。

倘若有一天,我离开了"Permanent Age",退出一线岗位,那么我想要挑战一项新的工作——绘画。我特别喜欢劳特累克和特纳的上色方式,所以我想要学习同类型的绘画。总有一天,我一定要拥有一个工作室,在时机成熟时举办个人展览。我多么想要尽情地挥动画笔,将我的个性展现得淋漓尽致啊(笑)。

实际上,我已经偷偷摸摸地(也并没有啦……笑)开始画画了。我现在特别沉迷于使用印有本姓"林"字的印章制作自画像。仔细看看"林"这个字,我发现它的形状特别有趣。因为这个文字的末尾是开放式的,如果反着盖无数个章,看起来是不是很像一撮撮头发呢?和我光秃秃的头顶非常相称吧(笑)。

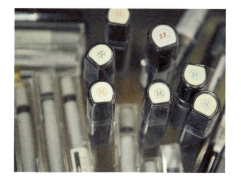

CHAPTER 4/ Permanent Age 永恒不变的事物

我真心觉得"林"是个好字。

印章能够表现普通的画笔无法表现的独特笔触,从而制作出独具个性的作品。我打算使用不同的颜色,并且改变盖章的方式,以便尝试绘制具有不同特色的自画像。近期我还想尝试绘制妻子的画像。

希望有朝一日我的自画像能够派上用场(笑)。我觉得还挺时尚的。大家觉得如何呢?不过我一定要告诫大家,千万不要随便把照片放大了拿来用哦(笑)。

服装带给我的精彩人生

> 倘若面对丈夫的提议"我们来制作衣服,你也来帮忙吧",我以"我想继续做专职主妇"的理由予以拒绝,那么我一定没办法体验如此精彩的人生。

自"Permanent Age"开业以来,我获得了许多与"Itional"时代完全不同的经验。如今,"Permanent Age"已经有了三种销售渠道,分别是门店、网点、展会,由此我结识了来自四面八方、各行各业的朋友,这一切都令我感到喜不自禁。

每逢服装展会期间,我便会奔赴全国各地的大小城市,从北海道到九州都留下了我的足迹。每到一个新的城市,我就有机会结识新朋友,这可是我在"Itional"时代望尘莫及的事情。非常荣幸的是,每逢展会期间,就会遇到特地前来拜访我们的客户。大型服装公司可没办法同顾客进行如此深入的交往呢,这可是身在"Permanent Age"才能做到的事情呀。

日常的衣服

只要你身在这个行业，就有许多机会见到某些眼熟的同行人士。其中，有的是供应商，有的是服装行业的同行。但是，"Permanent Age"与一般的服装公司不同，拥有更多渠道，所以我们也就能结识更多人。我认为我们的小店给我们打开了一扇新的大门，让我们拓宽了视野，扩大了交际圈。

在服装行业工作这么多年，我们的心境也发生了一些变化。即便我们身处远离时尚的世界，也能够全情投入到这份工作之中。因为，这份工作给我们带来了数不清的快乐时光。譬如受到顾客邀请一同出去旅游，这种事情我们以前是完全不敢想的。但是，无论遇到多么大的挫折，我们一直都保持着积极的处事态度去面对，所以才能不断地开创新生活吧。倘若面对丈夫的提议"我们来制作衣服，你也来帮忙吧"，我以"我想继续做专职主妇"的理由予以拒绝，那么我一定没办法体验如此精彩的人生。这么多年来，我们的生活有苦也有乐，而现在我们觉得一切都是"美好的"。

"Permanent Age"的工作绝不仅仅停留在"购买"这项交易上面。我们会不断地寻找顾客"需要的东西"，并将我们的意见传达给每一位顾客。所以，我非常开心能够与许多顾客结下缘分，而我们还在不断发展的过程中，需要各位顾客的大力支持。

不给自己设定时限,顺其自然

即便不给自己定事业的终点,年老体衰的那一天也终会来临。若是到了那一天,我不会勉强自己,会顺其自然地退休。

在我年满五十岁的时候,我曾决定"这份工作就干到六十岁为止",但是至今为止我依然在经营服装店(笑)。

到了这把年纪,哪怕只是染上风寒也很难恢复,无论干什么都及不上年轻时的速度。然而,即便事实如此,我也不会否定自己的人格。因为,若是要同年轻时雷厉风行的自己或是值得尊敬的同龄人做比较,我们必定会灰心丧气,但是毕竟我们已经尽力了呀(笑)。

无论是情绪还是体力,到了这把年纪都自然会下降。既然如此,还不如保持自己的生活节奏,尽情地尝试各种兴趣爱好。即便不给自己定事业的终点,年老体衰的那一天也终会来临。若是到了那一天,我不会勉强自己,会顺其自然地退休。

日常的衣服

经营"Permanent Age"的岁月,给我带来了不少乐趣,其中一点就是获得了与不同年龄层的人们接触的机会。有一位顾客带着她的母亲和女儿,一家三代人一同来光顾我们的小店,让我有了与不同年龄的顾客交谈的机会,实在是喜出望外。若是没有经营这家店,我也就没有与孙辈人结识的机会,更是没有机会与他们谈天说地了。

倘若没有爱上阅读图书和杂志,说不定我已经在服装这条路上半途而废了。既然我要想办法开启第二人生,那么我就必须将身上背负的包袱全部卸下来。不过,也多亏了年轻时积累的经验,我现在才得以过上愉快而舒适的生活。

话又说回来,虽然我已不年轻,但依然有许多必须要完成的事情。包括将事业交接给下一代,以及做好能够尽量使自己安度晚年的准备。

希望"Permanent Age"成为永恒

"Permanent"指代"永恒","Age"则是"时代"的意思。我们一直以来追寻的目标,就是将永恒不变的东西结合当下的时代变成符合当今需求的事物。

我希望在我们夫妇退休以后,"Permanent Age"能够继续经营下去。

现在与我们共事的店员同我们年龄相差甚远,几乎与我们的儿女同龄。我们与店员所生活的时代、经历过的事情完全没有共同点,因此"Permanent Age"在商品制作和采购方面才能产生协同效应。

我们的价值观与年轻的店员之间必定有一道横沟。但是,在这道横沟之中,存在着许多共同点。我们的商品正是在这些共同点的基础上,通过生产和采购的配合得以呈现给大家的。

制作、采购、销售,我认为这三个词语聚集到一起所构成的时尚行业的缩影就是"Permanent Age"。服装行业的趣味也好，艰难也罢，全都浓缩在这个小小的店铺里。

最后，我想谈谈"Permanent Age"这个名词的意义。"Permanent"指代"永恒"，"Age"则是"时代"的意思。我们一直以来追寻的目标，就是将永恒不变的东西结合当下的时代变成符合当今需求的事物。

随着时代变迁，世人的需求也会不断变化。但是，我们的思维方式和核心是永远不会改变的。我认为这就是"Permanent Age"（永恒时代）所蕴含的意义。

我进入这个行业已超过四十年。希望我们至今为止所做的一切能够为后人带来方便。今后的年轻人若是能够想到"这两位爷爷奶奶可真了不起。你们能做到的事情，我们只要努力也能做到"，我们定当感到无比欣慰。

日常的衣服

后记

一直追求美的人，越老越好看

经营"Permanent Age"给我们带来的最大的喜悦，莫过于从形形色色的顾客身上学到关于时尚的知识。我们常常能够在谈话过程中获取灵感，譬如灵光一现发现新的知识，或是经人指点，了解过去一知半解的事情。

追求美的人，永远不会老。对此我深有同感，我能够在这个美好的世界活到今天，真是幸福啊。所以，今后我们还要做更多事情，让更多人学会如何打扮自己，并且将我们的"日常的衣服"推广到更广阔的天地。

执笔撰写本书期间，回顾我们俩一路走来的道路，我不禁感慨万千。我切身感受到与人们结下的缘分对我们来说是无可替代的宝物。容我借此机会向一直以来支持我们的各位朋友致以最真诚的谢意。

非常感谢"快晴堂"的杉田直人先生、"CHECK&STRIPE"的在田佳代子女士为本书呈上精彩的评论，同时向参与协助拍摄的三本胜浩先生、山本静子女士、妹尾隆一郎先生、尼古拉斯·罗素老师，以及川中周子女士表示诚挚的谢意。

此外，非常感谢制作本书的 PHP 研究所的木村三和子女士、6c 的多喜淳先生、摄影师伊东俊介先生、负责拍摄和编辑的高野朋子女士、造型师楠田英纪先生的全程协助。

林行雄　林多佳子

日常的衣服

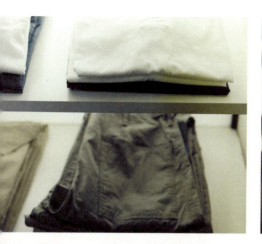

日常的衣服

图书在版编目（CIP）数据

日常的衣服 /（日）林行雄,（日）林多佳子著；王歆慧译. -- 北京：北京时代华文书局,2018.5

ISBN 978-7-5699-2306-3

Ⅰ.①日… Ⅱ.①林… ②林… ③王… Ⅲ.①服饰美学 Ⅳ.① TS973.4

中国版本图书馆 CIP 数据核字 (2018) 第 055814 号

FUTARIGAMITSUKETA ITSUMONO'FUTSUUFUKU'
Copyright © 2015 by Yukio HAYASHI & Takako HAYASHI
Photographs by Shunsuke ITO
Interior design by Atsushi TAKI
First published in Japan in 2015 by PHP Institute, Inc.
Simplified Chinese translation rights arranged with PHP Institute, Inc.
trough CREEK & RIVER CO.,LTD. and CREEK & RIVER SHANGHAI CO.,Ltd.

日常的衣服
RICHANG DE YIFU

著　　者｜（日）林行雄　林多佳子
译　　者｜王歆慧

出 版 人｜王训海
选题策划｜陈丽杰
责任编辑｜陈丽杰　汪亚云
装帧设计｜程　慧　迟　稳
责任印制｜刘　银　范玉洁
团购电话｜010-64269013

出版发行｜北京时代华文书局 http://www.bjsdsj.com.cn
　　　　　北京市东城区安定门外大街 136 号皇城国际大厦 A 座 8 楼
　　　　　邮编：100011　电话：010 - 64267955　64267677

印　　刷｜北京富诚彩色印刷有限公司　010-60904806
　　　　　（如发现印装质量问题，请与印刷厂联系调换）

开　　本｜880×1230mm　1/32　　印　张｜6　　字　数｜110 千字
版　　次｜2018 年 6 月第 1 版　　　　印　次｜2018 年 6 月第 1 次印刷
书　　号｜ISBN 978-7-5699-2306-3
定　　价｜45.00 元

版权所有，侵权必究